江苏盐城国家级珍禽自然保护区鸟类

鲁长虎　吕士成　朱照伟　**主编**

中国林业出版社

图书在版编目（CIP）数据

江苏盐城国家级珍禽自然保护区：鸟类 / 鲁长虎 / 吕士成 / 朱照伟主编. -- 北京: 中国林业出版社, 2017.2（2024.12重印）

ISBN 978-7-5038-7873-2

Ⅰ. ①江… Ⅱ. ①鲁… ②吕… ③朱… Ⅲ. ①沼泽化地－鸟类－自然保护区－介绍－盐城 Ⅳ. ①Q959.708 ②S759.992.533

中国版本图书馆CIP数据核字(2017)第028333号

责任编辑：洪蓉　电话：83143564

出版发行　中国林业出版社
（北京市西城区德内大街刘海胡同7号 100009）

电　　话　(010) 83223120/83143522

制　　版　北京美光设计制版有限公司

印　　刷　北京雅昌艺术印刷有限公司

版　　次　2017年4月第1版

印　　次　2024年12月第2次印刷

开　　本　889mm×1194mm　1/16

印　　张　18

字　　数　700千字

定　　价　98.00元

未经许可，不得以任何方式复制或抄袭本书之部分或全部内容。
©版权所有 侵权必究

江苏盐城国家级珍禽自然保护区鸟类
编写人员

主　编

鲁长虎　吕士成　朱照伟

参编人员

陈　浩　成　海　高志东　李春荣　杜进进　殷　鹏

陈亚芹　贾翠梅　赵永强　张亚楠　刘　彬　刘大伟

摄　影

张　斌　范　明　吕士成　严少华　陈　浩

薄顺奇　袁　晓　梁志坚　田穗兴　李玉生

李东明　吉洪俊　陈国远　周洪飞　郑宽仁

郭耀庭　袁　萍　谷国强　王开红　阮德孟

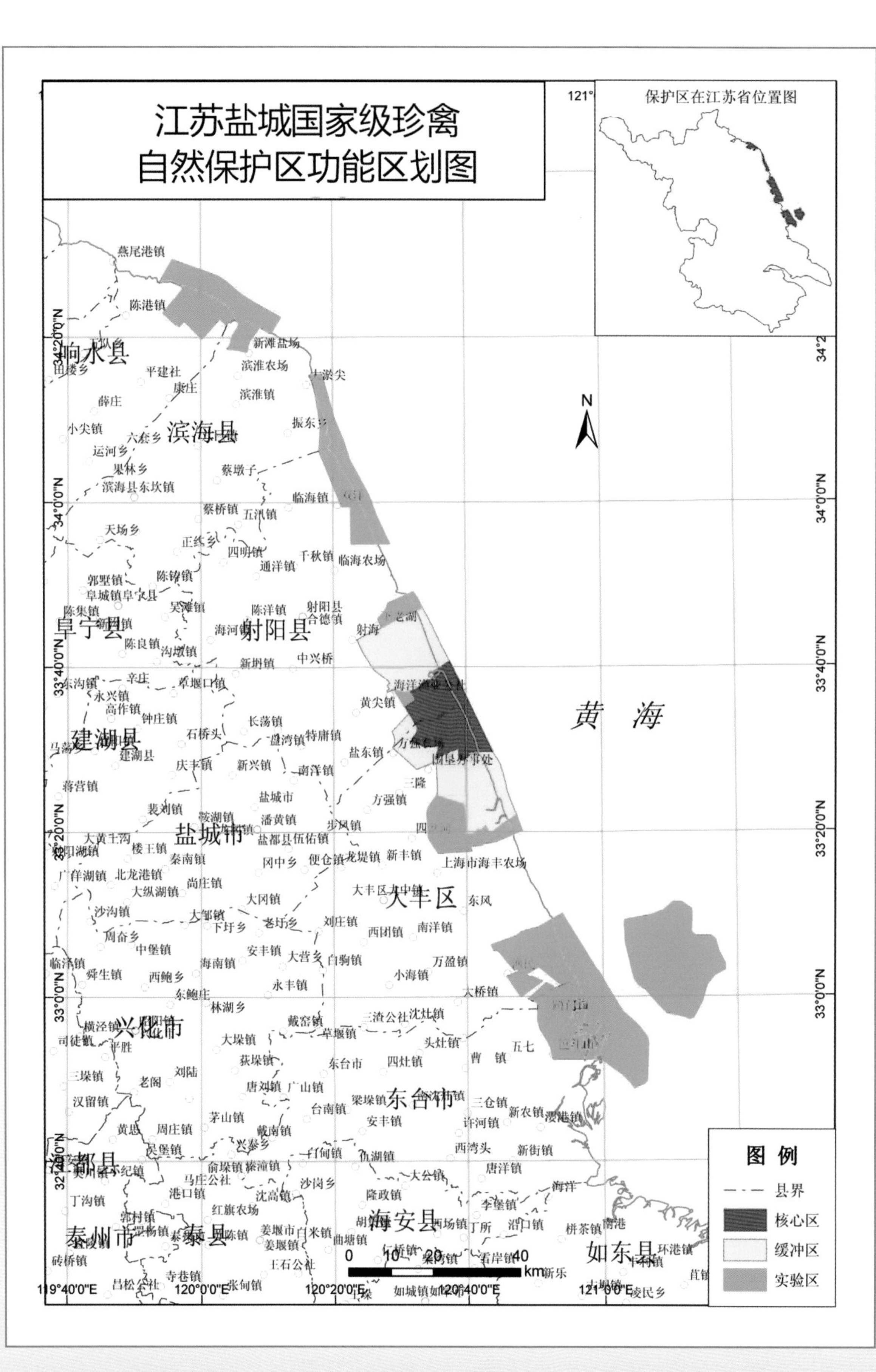
江苏盐城国家级珍禽
自然保护区功能区划图
保护区在江苏省位置图
黄 海
图 例
县界
核心区
缓冲区
实验区
响水县
滨海县
阜宁县
射阳县
建湖县
盐城市
大丰区
兴化市
东台市
海安县
泰县
泰州市
如东县
0 10 20 40 km

前 言
PREFACE

盐城湿地珍禽自然保护区地处北亚热带和南暖温带交汇区，是我国最大的沿海滩涂湿地保护区，面积247260公顷，其中核心区22596公顷，缓冲区56724公顷，实验区167922公顷。

自1983年2月25日江苏省政府以苏政府（1983）32号文件批准成立“江苏盐城沿海滩涂珍禽自然保护区”以来，保护区的珍稀鸟类及滩涂湿地生态系统得到了有效保护。1992年经国务院批准晋升为国家级自然保护区，同年11月，被列为联合国教科文组织“人与生物圈保护区”，1997年被纳入“东北亚鹤类保护区”网络；1999年被纳入“东亚-澳大利亚涉禽迁徙自然保护区”网络，2002年被列入“国际重要湿地”。

保护区独特的地理位置、淤积淤涨型海岸带、丰富多样的湿地生态系统，使它成为鸟类重要的栖息地。她已经成为东南亚及澳大利亚与西伯利亚苔原南北候鸟迁徙的重要停歇地，成为许多水鸟迁徙、繁殖、越冬的重要场所。她是目前全球丹顶鹤最大的越冬地，每年约有600～1000只丹顶鹤来此越冬。同时，每年大约有近300万只候鸟迁徙暂歇于此，其中拥有一批具有国际重要意义的鸟类，如东方白鹳、黑脸琵鹭、遗鸥和勺嘴鹬等，季节性居留和常年居留的鸟类达50多万只。

盐城自然保护区的鸟类研究开展较早，很多学者做了大量工作。我们对多年来野外监测、专项调查、观鸟获得的鸟类分布情况进行了统计分析，撰写了本书，以期对保护区鸟类的分布进行阶段性总结。

本书共列入鸟类391种，隶属于21目、68科，对每种鸟类在保护区的分布和种群数量进行描述，并且配备了362种鸟类的照片。

本书中鸟类的分类体系采用《中国鸟类分类与分布名录》（第二版）。

限于水平，书中错误和不当之处敬请批评指正。

编著者

2016年12月

目　录
CONTENTS

潜鸟目
GAVIIFORMES

本目鸟类均为较原始的水鸟，极其适应于水生生活，属于实心的重骨鸟类。嘴直尖、嘴峰较平直，嘴底上翘，上下喙缘均向内侧包卷。腿部偏后、跗跖侧扁，难以在岸上活动。外趾长于中趾，前三趾具满蹼。羽色两性相同，唯冬夏不同。主要栖息在森林、苔原的湖泊地带，潜水觅食鱼类和其他水生动物。冬季迁徙到南方沿海。

保护区分布有1科2种。

潜鸟科 Gaviidae

红喉潜鸟 *Gavia stellata*

【外部形态】 体长约58cm。嘴细而尖，微向上翘。夏羽头顶、颈侧淡灰色，枕至后颈有黑白色相间细纵纹；前颈有栗色三角形斑，从喉下直到上胸、背灰黑褐色有白色细斑点。冬羽头侧、颈、喉至整个下体白色，上体黑褐色而具白斑点。

【栖息生境】 海域。

【生态习性】 善游泳和潜水，游泳时颈伸得很直，飞行直而快，呈线形。潜水觅食各种鱼类，也吃甲壳类、软体动物、鱼卵、水生昆虫和其他水生无脊椎动物。

【地理分布】 繁殖于北方森林苔原带的湖泊等水域，迁徙期间和冬季则多栖息在沿海、海湾及河口。国内自黑龙江、辽宁向南至广东的沿海地区有分布。

【本地报告】 连云港近海及长江口一带有分布，保护区有历史记录，近年没有发现，罕见。

【遇见月份】

1	2	3	4	5	6	7	8	9	10	11	**12**

红喉潜鸟

黑喉潜鸟 *Gavia arctica*

【外部形态】 体长约63cm。嘴直，颈粗而长。夏羽头顶至后颈灰色；喉及前颈黑色而具绿色金属光泽；颈侧有白色纵纹；两翼具白色细斑点；下体白色。冬羽自前额至后颈黑色；颏、喉至前颈白色。

【栖息生境】 海域。

【生态习性】 常成对或成小群活动，善游泳和潜水，游泳时颈常弯曲成S形。常直线飞行，快而有力。食物主要为各种鱼类，也吃昆虫、甲壳类、软体动物等。

【地理分布】 繁殖于北方森林苔原带的湖泊等水域，迁徙期间和冬季则多栖息在沿海、海湾及河口。国内分布于北起乌苏里江向南至福建沿海，为旅鸟和冬候鸟。

【本地报告】 连云港近海前三岛海域近年来冬季有发现，保护区有历史记录，近年没有发现，罕见。

【遇见月份】

1	**2**	**3**	4	5	6	7	8	9	10	11	12

黑喉潜鸟

䴙䴘目
PODICIPEDIFORMES

分布广泛而常见的水鸟。嘴型多直尖。具有瓣蹼足，跗跖侧扁，善于潜水而难以在陆地行走。无尾羽。在沼泽、湖泊、池塘等水域活动，单个或五六只集群，频频潜水觅食。食物有小鱼、虾、水生昆虫、蛙类，兼吃植物性食物。

保护区分布有1科4种。

小䴙䴘 *Tachybaptus ruficollis*

【外部形态】体长约25cm。成鸟春末到秋季，喙直且尖、黑色，前端有象牙白色，嘴基有明显的米黄色。颈侧羽色红褐色，体侧带点黑红褐色，背部羽毛黑色，尾部羽毛白色。冬季时，嘴喙呈土黄色，颈侧呈浅黄色，背部羽毛黑褐色，尾部羽毛白色。脚黑色，趾各具瓣蹼。

【栖息生境】河流、湖泊、池塘等。

【生态习性】善于游泳和潜水，极少上岸，一遇惊扰，立即潜入水中。繁殖期在水面筑浮巢，窝卵4～8枚，常将巢中的卵用杂草等盖住。孵出的小鸟有时候背在父母背上。

【地理分布】国内广泛分布。

【本地报告】保护区境内湖泊、水库、沼泽湿地和坝塘等平缓水域中均有分布，几乎遍布各地。留鸟。十分常见。

【遇见月份】

1	2	3	4	5	6	7	8	9	10	11	12

凤头䴙䴘 *Podiceps cristatus*

【外部形态】体长约55cm。颈长。成鸟夏羽有显著的黑色羽冠，颈上部具有丛生长羽组成的皱领。下体近乎白色而具光泽，上体灰褐色。冬季黑色羽冠不明显，颈上饰羽消失。嘴黄色，下嘴基部带红色，嘴峰近黑；脚近黑色。

【栖息生境】河流、湖泊、池塘等。

【生态习性】潜水能力强，以软体动物、鱼、甲壳类和水生植物等为食。繁殖期5~7月，在隐蔽条件好的芦苇或蒲草中营巢，繁殖期成对作精湛的求偶炫耀。

【地理分布】国内主要繁殖在北方地区，越冬时南迁至长江以南、东南沿海等地。

【本地报告】保护区境内开阔水域有分布，冬候鸟，可能有少数繁殖个体。偶见。

【遇见月份】

1	2	3	4	5	6	7	8	9	10	11	12

黑颈䴙䴘

黑颈䴙䴘

黑颈䴙䴘 *Podiceps nigricollis*

【外部形态】 体长约30cm。夏羽头、颈和上体黑色，两肋红褐色，下体白色，眼后有呈扇形散开的金黄色饰羽。冬羽头顶、后颈和上体黑褐色，颏、喉和两颊灰白色，前颈和颈侧淡褐色，其余下体白色，胸侧和两肋杂有灰黑色，无眼后饰羽。嘴黑色，微向上翘；跗跖外侧黑色，内侧灰绿色。

【栖息生境】 河流、湖泊、池塘等。

【生态习性】 通常成对或成小群活动在开阔水面。主要通过潜水觅食，食物主要为水生无脊椎动物，偶尔也吃少量水生植物。

【地理分布】 国内主要繁殖于北方地区，在华南、东南沿海、四川、云南一带越冬。

【本地报告】 保护区有历史记录，冬候鸟。近年没有发现，罕见。

【遇见月份】

1	**2**	3	4	5	6	7	8	9	10	11	**12**

赤颈䴙䴘 *Podiceps grisegena*

【外部形态】 体长约45cm。夏羽头顶黑色，两侧羽毛延长和稍微突出，形成黑色冠羽。颊和喉灰白色，前颈、颈侧和上胸栗红色，后颈和上体灰褐色，下体白色，尾羽黑色。冬羽头顶黑色，头侧和喉部为白色，后颈和上体呈黑褐色，前颈为灰褐色，下体白色，尾羽黑色。嘴短而粗，基部为黄色，尖端为黑色，跗跖黑色。

【栖息生境】 河流、湖泊、池塘等。

【生态习性】 常单只或成对活动于水面上，偶尔也结成小群活动。善于游泳和潜水，通过潜水觅食，食物主要为水生无脊椎动物，偶尔也吃少量水生植物。

【地理分布】 国内主要繁殖于北方地区，在河北、福建、广东等地越冬。

【本地报告】 保护区有历史记录，冬候鸟。近年没有发现，罕见。

【遇见月份】

1	2	3	4	5	6	7	8	9	10	11	12

鹱形目
PROCELLARIIFORMES

本目鸟类是体型似鸥、具有长翅膀的海鸟，显著的特征是管状鼻。善飞行，常长时间在海面上空低飞，发现鱼群等食物时，则急速下降捕食。在水中游泳时身体露出水面甚多，尾抬得较高。主要以鱼类、浮游动物和软体动物为食。

保护区分布有2科2种。

鹱科 Procellariidae

白额鹱 *Calonectris leucomelas*

【外部形态】 体长约45cm。嘴较细长，鼻管较短，飞羽长而窄。前额、头顶、头侧、前颈及颈侧白色，具暗褐色纵纹。枕、后颈、背、肩、腰暗褐色。飞羽黑褐色。尾黑褐色，呈楔形。颏、喉、前颈及整个下体白色。嘴褐色，跗跖和趾皮黄色。

【栖息生境】 海域。

【生态习性】 典型的海洋性鸟类。善飞行，常长时间在海面上空飞行，亦善游泳和潜水。紧贴海面上空飞翔，发现鱼群等食物时，则急速下降捕食。主要以鱼类、浮游动物和软体动物为食。

【地理分布】 国内分布于辽宁、山东、浙江、福建各省的沿海地区，北方地区岛礁上繁殖，越冬时南下。

【本地报告】 连云港海域的岛礁前三岛3月有过记录。保护区有历史记录，近年没有发现，旅鸟，罕见。

【遇见月份】

1	2	3	4	5	6	7	8	9	10	11	12

海燕科 Hydrobatidae

黑叉尾海燕 *Oceanodroma monorhis*

【外部形态】 体长约20cm。上体暗灰褐色，额和翅上覆羽较淡，翅下乌灰色。尾长，呈叉状，黑褐色。嘴黑色，脚黑色。

【栖息生境】 海域。

【生态习性】 常成群在海面低空飞翔。时而快速地鼓动两翼，时而轻盈地在水面上空滑翔，休息和觅食在海面。偶尔也到岛屿上觅食。在地上行走亦快。主要以各种鱼类、甲壳类、头足类等小型海洋动物为食。

【地理分布】 国内分布于山东以南的沿海各省，直抵广东、台湾以北的岛屿。

【本地报告】 连云港海域的岛礁附近，车牛山岛9月有过记录。保护区有历史记录，近年没有发现，繁殖鸟，或有越冬个体，罕见。

【遇见月份】

1	2	3	4	5	6	7	8	9	10	11	12

鹈形目
PELECANIFORMES

均为大、中型水鸟，一些种类是海鸟。嘴型多近圆锥形，颌下皮肤有的扩大为喉囊。跗跖短，全蹼足，拇趾发达。善于捕食鱼类及其他动物，适宜在开阔水域生活。栖息于湖泊、江河、沿海水域，喜群居和游泳。

保护区分布有3科5种。

鹈鹕科 Pelecanidae

卷羽鹈鹕 *Pelecanus crispus*

【外部形态】 体长约170cm。嘴宽大，直长而尖。体羽灰白，眼浅黄，喉囊橘黄或黄色。翼下白色，仅飞羽羽尖黑色。颈背具卷曲的冠羽。

【栖息生境】 沿海及内陆水域湿地。

【生态习性】 喜群居，善游泳而不潜水，也善于在陆地上行走。颈部常弯曲成“S”形，缩在肩部。飞行时姿态优美，常借助气流盘旋。以鱼类、甲壳类、软体动物、两栖动物等为食。

【地理分布】 国内于东北地区繁殖，冬季迁至福建、广东沿海地区。

【本地报告】 保护区境内近年有多次记录，旅鸟或有越冬个体，罕见。

【遇见月份】

1	2	**3**	**4**	5	6	7	8	9	**10**	**11**	12

注：该种曾列为斑嘴鹈鹕（*Pelecanus philippensis crispus*）的亚种，保护区历史记录中的斑嘴鹈鹕可能是卷羽鹈鹕。

白鹈鹕 *Pelecanus onocrotalus*

【外部形态】 体长约150cm。通体白色。嘴长而粗直，铅蓝色，喉囊橙黄色。眼周裸区醒目。繁殖羽头后部有一簇长而窄的白色冠羽。胸有一簇长的黄色披针形羽毛。初级飞羽和次级飞羽黑褐色。脚肉色。

【栖息生境】 沿海及内陆水域湿地。

【生态习性】 似卷羽鹈鹕，喜群居，善游泳。颈部常弯曲成“S”形。飞行时姿态优美，常借助气流翱翔、盘旋。以鱼类、甲壳类、软体动物、两栖动物等为食。

【地理分布】 国内偶见于新疆、青海等地。

【本地报告】 保护区内2016年9月有发现，旅鸟或有越冬个体，罕见。

【遇见月份】

1	2	3	4	5	6	7	8	**9**	10	11	12

白鹈鹕

鸬鹚科 Phalacrocoracidae

普通鸬鹚 *Phalacrocorax carbo*

【外部形态】 体长约90cm。羽色主要为黑色。夏羽头、颈和羽冠黑色，具紫绿色金属光泽，并杂有白色丝状细羽；两肋各有一个三角形白斑。冬羽似夏羽，但头颈无白色丝状羽，两肋无白斑。嘴长而前端钩状，上嘴黑色，嘴缘和下嘴灰白色，繁殖季节下嘴基裸露皮肤有砖红色斑，脚黑色。

【栖息生境】 湖泊、河流、沿海湿地。

【生态习性】 常成小群活动。善游泳和潜水，游泳时颈向上伸得很直、头微向上倾斜，潜水时首先半跃出水面、再翻身潜入水下。飞行时头颈向前伸直，脚伸向后。以各种鱼类为食，潜水捕食。

【地理分布】 国内广泛分布于西北、东北、沿海省份，北方繁殖的种群冬季迁徙到长江以南越冬。

【本地报告】 保护区境内较常见，迁徙季节数量较多，旅鸟或有越冬个体。

【遇见月份】

1	**2**	**3**	**4**	**5**	6	7	**8**	**9**	**10**	**11**	**12**

普通鸬鹚

鸬鹚科 Phalacrocoracidae

绿背鸬鹚 *Phalacrocorax capillatus*

【外部形态】体长约80cm。体羽黑色，似普通鸬鹚，但两翼及背部具偏绿色光泽。嘴长直且尖，先端弯曲成钩状；嘴基部内侧黄色，裸露皮肤白色。脚黑色。

【栖息生境】沿海湿地、湖泊、河流。

【生态习性】善游泳和潜水，以各种鱼类为食，潜水捕食。营巢于海岸和海岛岸边，通常置巢于人类难以靠近的悬岩岩石上或突出于海中的悬岩上。

【地理分布】国内主要繁殖于辽东半岛、河北、山东烟台和青岛；冬季迁徙到福建、云南和台湾等地。

【本地报告】连云港海域岛屿，车牛山岛3月有分布记录，保护区有历史记录，近年没有发现，罕见，冬候鸟。

【遇见月份】

1	**2**	3	4	5	6	7	8	9	10	11	**12**

绿背鸬鹚

军舰鸟科 Fregatidae

白斑军舰鸟 *Fregata ariel*

【外部形态】体长约76cm。翅特别窄而长尖，尾长而呈叉状，跗跖极短而被羽。雄鸟通体黑色，上体具蓝绿色光泽，肩部羽毛呈披针形，下体暗黑色。雌鸟体色较暗，上体少黑色而具更多的褐色，后颈有一栗色领圈，胸和上腹白色而缀有栗红色。雄鸟嘴和脚黑色，雌鸟红色。

【栖息生境】海域。

【生态习性】随热气流盘旋上升，有时沉缓振翅快速低掠于水面，有时栖息或停歇在钓鱼的竹台或小岛屿的树上。主要以鱼类为食，主要采取攻击其他海鸟而迫使其吐出捕获的鱼类，未落入海中之前抢走。有时也在海面捕食乌贼等其他动物。

【地理分布】我国见于南海、南沙岛屿、西沙群岛，福建、广东、台湾沿海有记录，数量稀少，不常见。

【本地报告】保护区境内海域2016年9月有发现，罕见。

【遇见月份】

1	2	3	4	5	6	7	8	**9**	10	11	12

鹳形目
CICONIIFORMES

均为典型的涉禽，具有嘴长、颈长和腿长的“三长”特点。主要栖息于开阔平原和低山丘陵地带的湖泊、河流、沼泽、水库和水塘岸边及其浅水处，以鱼类等动物为食物。

保护区分布有3科21种。

鹭科 Ardeidae

草鹭 *Ardea purpurea*

【外部形态】 体长约85cm。头、颈、脚和嘴均甚长。额和头顶蓝黑色，枕部有两枚灰黑色长形羽毛形成的冠羽，悬垂于头后，状如辫子，胸前有饰羽。其头和颈棕栗色。背、腰和尾上覆羽灰褐色。嘴暗黄色，嘴峰褐色；胫裸露部和脚后缘黄色，前缘赤褐色。

【栖息生境】 浅水区域。

【生态习性】 单独或成对活动。常在水边浅水处低头觅食，有时亦长时间站立不动，或收起一腿。飞行时颈向后缩成“S”形，头缩至两肩之间，两翅鼓动缓慢、脚向后直伸。主要以小鱼、蛙、甲壳类等动物性食物为食。筑巢于芦苇、蒲草等挺水植物的水域岸边。

【地理分布】 在中国遍布东部及东南部，大部分地区为夏候鸟，云南为留鸟，广东、香港、广西、台湾为旅鸟或冬候鸟。

【本地报告】 保护区内湿地、水域可见，夏侯鸟，不常见。

【遇见月份】

1	2	3	**4**	**5**	**6**	**7**	**8**	**9**	**10**	11	12

苍鹭 *Ardea cinerea*

【外部形态】 体长约100cm。头、颈、脚和嘴均甚长，因而身体显得细瘦。上体自背至尾上覆羽苍灰色；尾羽暗灰色。两肩有长尖而下垂的苍灰色羽毛，羽端分散，呈白色或近白色。嘴黄色，跗跖和趾黄褐色或深棕色。

【栖息生境】 浅水区域。

【生态习性】 常单独涉水于水边浅水处，或长时间站立不动，颈常曲缩于两肩之间，也常以一脚站立。飞行时两翼鼓动缓慢，颈缩成"S"形，两脚向后伸直。主要以小型鱼类、蛙和昆虫等动物性食物为食。

【地理分布】 几乎遍及全国各地，通常在南方繁殖的种群不迁徙，在东北等地繁殖的种群冬季迁到华中、华南地区越冬。

苍鹭

【本地报告】 保护区内水域和沼泽湿地都可见到，冬候鸟，有部分繁殖个体，常见。

【遇见月份】 1 2 3 4 5 6 7 8 9 10 11 12

大白鹭 *Casmerodius albus*

【外部形态】 体长约100cm。颈、脚甚长，体羽白色。繁殖期间肩背部着生有长而直、分散状的蓑羽，一直向后延伸到尾端；嘴和眼先黑色，嘴角有一条黑线直达眼后。冬羽和夏羽相似，全身亦为白色，但前颈下部和肩背部无长的蓑羽、嘴和眼先为黄色。胫裸出部肉红色，跗跖和趾黑色。

【栖息生境】 浅水区域。

【生态习性】 常单只或10余只小群活动。常在水边浅水处长时间站立不动。飞行时颈向后缩成"S"形，头缩至两肩之间，两翅鼓动缓慢、脚向后直伸。主要以小鱼、蛙、甲壳类等动物性食物为食。

【地理分布】 国内繁殖于东北地区，在中国大陆南方，包括海南岛、台湾地区越冬。

【本地报告】 保护区内水域和沼泽湿地可见，冬候鸟，夏季也有少量记录，常见。

【遇见月份】 1 2 3 4 5 6 7 8 9 10 11 12

大白鹭

鹭科 Ardeidae

白鹭 *Egretta garzetta*

【外部形态】 体长约60cm，体态纤瘦而较小。全身白色。成鸟夏羽枕部着生两条狭长而软的矛状羽，状若双辫；肩和胸着生蓑羽；冬羽时蓑羽常全部脱落。嘴黑色；胫与跗跖黑色，趾呈角黄绿色。

【栖息生境】 浅水区域。

【生态习性】 常在水边浅水处，曲缩一脚于腹下，仅以一脚独立。以小鱼、蛙、虾及昆虫等为食。繁殖时常和其他鹭类在一起营群巢，巢位于树林或竹林内。

【地理分布】 国内分布于四川、陕西南部、河南、江苏及长江以南（夏候鸟或留鸟），包括海南岛、台湾（留鸟）。

【本地报告】 保护区内水域和沼泽湿地可见，留鸟，数量多，鹭类中最常见的一种。

【遇见月份】 1 2 3 4 5 6 7 8 9 10 11 12

中白鹭

中白鹭 *Mesophoyx intermedia*

【外部形态】体长约70cm，大小介于大白鹭和白鹭之间。全身白色，夏羽背和前颈下部有长的披针形饰羽，嘴黑色；冬羽背和前颈无饰羽，嘴黄色，先端黑色。胫裸出部、跗跖和趾黑色。

【栖息生境】浅水区域。

【生态习性】常单独或成对或成小群活动，有时亦与其他鹭混群。以鱼、虾、蛙、蝗虫、蝼蛄等为食。营巢于树林或竹林内，通常与其他鹭类在一起营群巢。

【地理分布】在中国南部和台湾数量较多。

【本地报告】保护区内水域和沼泽湿地可见，夏候鸟，少数个体越冬，较为常见。

【遇见月份】

1	2	3	4	5	6	7	8	9	10	11	12

黄嘴白鹭 *Egretta eulophotes*

【外部形态】体长约65cm。全身白色。夏季枕部着生有多枚细长白羽组成的矛状长形冠羽，嘴为橙黄色，脚为黑色，趾为黄色，眼先为蓝色；冬季嘴变为暗褐色，下嘴的基部呈黄色，眼先为黄绿色，脚黄绿色，背部、肩部和前颈的蓑状饰羽消失。

【栖息生境】浅水区域。

【生态习性】单独、成对或集成小群活动。主要以各种小型鱼类为食，也吃虾、蟹、蝌蚪和水生昆虫等动物性食物。营巢于近海岸的岛屿和海岸悬岩处的岩石上或矮小的树杈之间。

【地理分布】国内过去分布广泛，现已稀少，繁殖于辽东半岛、山东及江苏的沿海岛屿，冬季向南方沿海各省迁徙，越冬主要在菲律宾。

【本地报告】保护区内沿海可见，旅鸟，可能有少数繁殖个体，罕见。

【遇见月份】

1	2	3	4	5	6	7	8	9	10	11	12

黄嘴白鹭

牛背鹭 *Bubulcus ibis*

【外部形态】 体长约50cm。体较肥胖，喙和颈较短粗。夏羽大部白色；头和颈橙黄色，前颈基部和背中央具羽枝分散成发状的橙黄色长形饰羽；前颈饰羽长达胸部，背部饰羽向后长达尾部，尾和其余体羽白色。冬羽通体全白色，个别头顶缀有黄色，无发丝状饰羽。嘴黄色，跗跖和趾黑色。

【栖息生境】 浅水区域。

【生态习性】 常成对或小群活动。常伴随牛活动，喜欢站在牛背上或跟随在耕田的牛后面啄食牛背上的寄生虫和翻耕出来的昆虫。繁殖时常和其他鹭类在一起营群巢，巢位于树林或竹林内。

【地理分布】 国内分布于陕西、四川、西藏南部及南方各地，包括海南岛及台湾的低洼地区。

【本地报告】 保护区内水域和沼泽湿地可见，夏候鸟，冬季有少量个体记录，常见。

【遇见月份】

池鹭 *Ardeola bacchus*

【外部形态】 体长约47cm。夏羽头、头侧、冠羽、颈和前胸与胸侧栗红色；冠羽甚长，一直延伸到背部；肩背部羽毛蓝黑色，也甚长，呈披针形一直延伸至尾。冬羽头顶白色而具密集的褐色条纹，颈淡皮黄色而具厚密的褐色条纹，背和肩羽较夏羽为短，颜色为暗黄褐色。嘴黄色，尖端黑色，基部蓝色，跗跖和趾黄绿色。

【栖息生境】 浅水区域。

【生态习性】 常单独或成小群活动，有时也集成多达数十只的大群在一起，性较大胆。以动物性食物为主，包括鱼、虾、螺、蛙、泥鳅、水生昆虫、蝗虫等，兼食少量植物性食物。繁殖时常和其他鹭类在一起营群巢，巢位于树林或竹林内。

【地理分布】 国内分布于吉林、河北、陕西、甘肃、青海、四川、西藏以南各地，包括海南岛、台湾。

【本地报告】 保护区内水域和沼泽湿地可见，夏候鸟，常见。

【遇见月份】

1	2	3	4	5	6	7	8	9	10	11	12

绿鹭 *Butorides striata*

【外部形态】 体长约43cm。体型小，头顶黑，枕冠亦黑色；上体灰绿色；下体两侧银灰色。嘴黑褐色，下嘴缘黄绿；跗跖和趾黄绿色。

【栖息生境】 浅水区域。

【生态习性】 常常单独活动，独栖于有浓密树荫的枝杈或树桩上，有时也栖息于浓密的灌丛中或树荫下的石头上。以小鱼、青蛙和水生昆虫为食。结小群营巢。

【地理分布】 国内分布于黑龙江、陕西、四川、云南以东各地，包括海南岛、台湾。

【本地报告】 保护区内水域和沼泽湿地可见，夏候鸟，不常见。

【遇见月份】

1	2	3	4	5	6	7	8	9	10	11	12

夜鹭 *Nycticorax nycticorax*

【外部形态】 体长约58cm。体较粗胖，颈较短。头顶至背黑绿色而具金属光泽；上体余部灰色；下体白色；枕部披有2~3枚长带状白色饰羽，下垂至背上，极为醒目。嘴黑色，胫裸出部、跗跖和趾黄绿色。

【栖息生境】 浅水区域。

【生态习性】 喜结群，常成小群于晨、昏和夜间活动，白天隐藏于密林中僻静处。主要以鱼、蛙、虾、水生昆虫等动物性食物为食。营巢于各种高大的树上，营群巢。

【地理分布】 国内分布于新疆南部，黑龙江、吉林、辽宁、河北、陕西、四川、云南以东各省，以及海南岛、台湾。

【本地报告】 保护区内水域和沼泽湿地可见，留鸟，常见，近年种群数量有增加趋势。

【遇见月份】

1	2	3	4	5	6	7	8	9	10	11	12

黄苇鳽 *Ixobrychus sinensis*【黄斑苇鳽】

【外部形态】体长约33cm。雄鸟额、头顶、枕部和冠羽铅黑色，微杂以灰白色纵纹，头侧、后颈和颈侧棕黄白色；雌鸟似雄鸟，但头顶为栗褐色，具黑色纵纹。嘴峰黑褐，两侧和下嘴黄褐色；跗跖和趾黄绿色。

【栖息生境】植被密集的浅水区域。

【生态习性】常单独或成对活动。活动多在清晨和傍晚，也在晚间和白天活动。主要以小鱼、虾、蛙、水生昆虫等动物性食物为食。营巢于浅水处芦苇丛和蒲草丛中。

【地理分布】国内分布于黑龙江、陕西、甘肃、四川、云南以东各地，包括海南岛、台湾。

【本地报告】保护区内水域和沼泽湿地可见，夏候鸟。

【遇见月份】

1	2	3	4	5	6	7	8	9	10	11	12

紫背苇鳽 *Ixobrychus eurhythmus*

【外部形态】 体长约35cm。雄鸟上体紫栗褐色，头顶较暗。下体土黄色，自颏经前颈到胸部中央有一暗色纵纹，喉侧、颈侧浅土黄白色，胸侧有黑褐色斑点。雌鸟上体深栗色，背和两翅具显著的白色斑。下体缀有褐色纵纹。嘴黑褐色，嘴基黄色，胫下部、跗跖和趾黄绿色。

【栖息生境】 植被密集的浅水区域。

【生态习性】 常单只活动，偶尔也见成对和成小群。通常在晨昏活动，休息时多隐藏在芦苇丛或灌丛中。主要以小鱼、虾、蛙、昆虫等动物性食物为食。营巢于浅水处芦苇丛和蒲草丛中。

【地理分布】 国内分布于黑龙江、辽宁、河南、四川、云南以东，迁徙经过海南岛和台湾。

【本地报告】 保护区内水域和沼泽湿地可见，旅鸟，可能有少量繁殖个体。数量较少、性隐蔽，野外偶见。

【遇见月份】

1	2	3	4	5	6	7	8	9	10	11	12

紫背苇鳽

栗苇鳽 *Ixobrychus cinnamomeus*

【外部形态】 体长约40cm。外形和紫背苇鳽相似。雄鸟上体从头顶至尾全为同一的栗红色，下体淡红褐色，喉至胸有一褐色纵线，胸侧缀有黑白两色斑点。雌鸟头顶暗栗红色，背面暗红褐色，杂有白色斑点，腹面土黄色，从颈至胸有数条黑褐色纵纹。嘴黄褐色，嘴峰黑褐色，脚黄绿色。

【栖息生境】 植被密集的浅水区域。

【生态习性】 夜行性，多在晨昏和夜间活动，白天也常活动和觅食，但在隐蔽阴暗的地方。食物主要为小鱼、黄鳝、蛙、小螃蟹、水蜘蛛以及蝼蛄、龙虱幼虫和叶甲等昆虫。有时也吃少量植物性食物。营巢于沼泽、湖边、水塘、稻田边的芦苇丛、灌丛和草丛中。

【地理分布】 国内分布于辽宁、陕西、四川、云南以东各省，包括海南岛、台湾。

【本地报告】 保护区内水域和沼泽湿地可见，夏候鸟。数量较少，野外偶见。

【遇见月份】

1	2	3	4	5	6	7	8	9	10	11	12

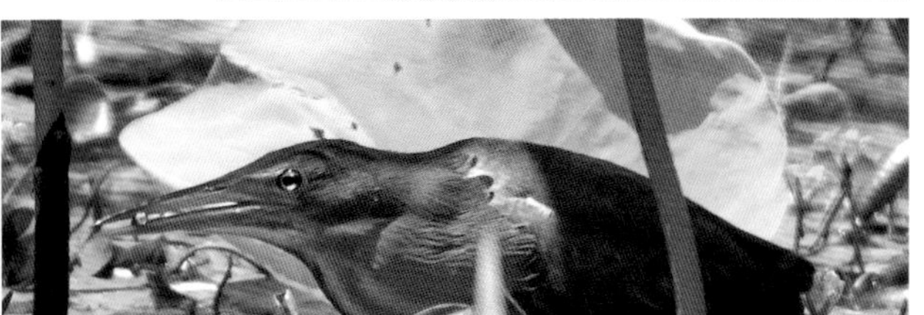
栗苇鳽

鹭科 Ardeidae

黑鳽 *Dupetor flavicollis*【黑苇鳽】

【外部形态】 体长约55cm。雄鸟额、顶至后颈、背羽、翅和尾羽均为沾蓝的黑色；颏和上喉淡棕白、中央纹淡棕栗色；颈侧橙黄色，形成显著黄斑；前胸满布淡棕白色和黑色相杂条纹，下体余部黑褐色。雌鸟上体羽色暗褐，无蓝色；颊和耳羽栗红色；颏、喉、前颈淡棕白色，中央纹呈栗红色点斑状；下喉及颈侧满布栗红色斑杂黑色和淡皮黄色斑纹；下体、胸、腋羽和胁部褐色，较背羽浅淡。嘴黑褐色，下嘴角黄色，嘴基和脸部裸露皮肤绿色。跗跖暗褐色。

黑【苇】鳽

【栖息生境】 植被密集的浅水区域。

【生态习性】 单独或成对活动。食性为小鱼、泥鳅、虾和水生昆虫。营巢于水域岸边沼泽地的芦苇丛、灌丛、竹林。

【地理分布】 国内分布于陕西、河南及长江以南地区，包括海南岛。

【本地报告】 保护区内水域和沼泽湿地可见，夏候鸟，数量十分稀少，偶见。

【遇见月份】

1	2	3	4	5	6	7	8	9	10	11	12

大麻鳽 *Botaurus stellaris*

【外部形态】 体长约75cm。身较粗胖，嘴粗而尖；颈、脚较粗短；额、头顶和枕黑色，眉纹淡黄白色；背和肩主要为黑色，羽缘有锯齿状皮黄色斑，从而使背部表现为皮黄色而具显著的黑色纵纹；其余上体部分和尾上覆羽皮黄色，具有黑色波浪状斑纹和黑斑。嘴黄绿色，嘴峰暗褐色，脚和趾黄绿色。

【栖息生境】 植被密集的浅水区域。

【生态习性】 夜行性，多在黄昏和晚上活动，白天多隐蔽在水边芦苇丛和草丛中，有时亦见白天在沼泽草地上活动。受惊时常在草丛或芦苇丛站立不动，头、颈向上垂直伸直、嘴尖朝向天空，和四周枯草、芦苇融为一体，不注意很难辨别。两翅鼓动慢，常贴芦苇或草地上空缓慢飞行。主要以鱼、虾、蛙、蟹、螺、水生昆虫等动物性食物为食。

【地理分布】 国内繁殖于新疆西部、黑龙江、辽宁、河北，在长江流域及以南地区越冬，台湾为旅鸟。

【本地报告】 保护区内水域和沼泽湿地可见，冬候鸟，偶见。

【遇见月份】

1	2	3	4	5	6	7	8	9	10	11	12

大麻鳽

鹳科 Ciconiidae

黑鹳

黑鹳 *Ciconia nigra*

【外部形态】体长约100cm。大型涉禽，成鸟嘴长而直，红色，基部较粗，往先端逐渐变细。头、颈、上体和上胸黑色，颈具辉亮的绿色光泽。背、肩和翅具紫色和青铜色光泽，胸亦有紫色和绿色光泽。前颈下部羽毛延长，形成相当蓬松的颈领。

【栖息生境】湿地、草地。

【生态习性】性孤独，常单独或成对活动在水边浅水处或沼泽地上，有时也成小群活动和飞翔。主要以小型鱼类为食，也吃蛙、蜥蜴、虾、蜗牛和昆虫等其他动物性食物。

【地理分布】国内在新疆、青海、甘肃、内蒙古、辽宁、陕西、山西、河南、河北为繁殖鸟；在长江以南地区越冬。

【本地报告】保护区有历史记录，近年没有发现，冬候鸟，罕见。

【遇见月份】

1	2	3	4	5	6	7	8	9	10	11	12

东方白鹳 *Ciconia boyciana*

【外部形态】体长约110cm。长而粗壮的嘴十分坚硬，呈黑色，仅基部缀有淡紫色或深红色。身体上的羽毛主要为纯白色。翅膀宽而长，飞羽黑色。

【栖息生境】开阔湿地、农田。

【生态习性】繁殖期成对活动外，其他季节大多组成群体活动。觅食时常成对或成小群漫步在水边或草地与沼泽地上，步履轻盈矫健，边走边啄食。飞翔时颈部向前伸直，腿、脚则伸到尾羽的后面，主要以小鱼、蛙、昆虫等为食。筑巢于高大乔木或建筑物上。

【地理分布】国内在东北地区繁殖，越冬地集中在长江中下游的湿地湖泊。

【本地报告】保护区内水域和沼泽湿地可见，冬候鸟，偶见。境内的大丰麋鹿保护区有繁殖记录。

【遇见月份】

1	2	3	4	5	6	7	8	9	10	11	12

东方白鹳

白琵鹭 *Platalea leucorodia*

【外部形态】 体长约80cm。嘴长而直，上下扁平，前端扩大呈匙状，黑色，端部黄色。夏羽全身白色，头后枕部具长的发丝状冠羽、橙黄色，前额下部具橙黄色颈环，颏和上喉裸露无羽、橙黄色。冬羽和夏羽相似，全身白色，头后枕部无羽冠，前颈下部亦无橙黄色颈环。

【栖息生境】 浅水区域。

【生态习性】 常成群活动，偶尔见单只。休息时常在水边成“一”字形散开，长时间站立不动。主要以虾、蟹、水生昆虫、甲壳类、软体动物、蛙、蝌蚪、蜥蜴、小鱼等小型动物为食，偶尔也吃少量植物性食物。主要在早晨、黄昏和晚上觅食。觅食时长喙插进水中，半张着嘴，在浅水中一边涉水前进一边左右晃动头部扫荡，通过触觉捕捉水底层的各种生物，捕到后就把长喙提到水面，将食物吞吃。

【地理分布】 国内夏季分布于新疆和东北各省，冬季南迁至云南、江西、东南沿海地区越冬。

【本地报告】 保护区内水域和沼泽湿地可见，冬候鸟，偶见。迁徙期易观察到5~10只群体。

【遇见月份】

1	2	3	4	5	6	7	8	9	10	11	12

黑脸琵鹭 *Platalea minor*

【外部形态】 体长约75cm。外形与白琵鹭极为相似。通体白色，嘴基、额、脸、眼先、眼周，往下一直到喉全裸露无羽，黑色。嘴长而直，上下扁平，先端扩大成匙状，黑色，且和头前部黑色连为一体。繁殖期间头后枕部有长而呈发丝状的金黄色冠羽，前颈下面和上胸有一条宽的黄色颈环；非繁殖期冠羽较短，白色或淡黄色，前颈下部亦无黄色颈环。

【栖息生境】 浅水区域。

【生态习性】 常单独或呈小群在海边潮间地带及红树林和内陆水域岸边浅水处活动。主要以小鱼、虾、蟹、昆虫、昆虫幼虫以及软体动物和甲壳类动物为食。单独或成小群觅食，觅食方式与白琵鹭相似。

【地理分布】 主要繁殖于朝鲜半岛附近沿海的岛屿上，国内在大连石城岛有繁殖记录，也可能繁殖于东北地区，越冬于广东、香港、海南、福建、台湾等地。

【本地报告】 保护区内水域和沼泽湿地可见，旅鸟。常与白琵鹭混群，但数量稀少，偶见。

【遇见月份】

1	2	3	4	5	6	7	8	9	10	11	12

鹮科 Threskiornithidae

黑头白鹮 *Threskiornis melanocephalus*

【外部形态】 体长约75cm。体羽全白。头与颈部裸出，裸出部皮肤黑色。翼覆羽有一条棕红色带斑。腰与尾上覆羽具淡灰色丝状饰羽。嘴长而下弯，黑色。

【栖息生境】 浅水区域。

【生态习性】 成对或小群活动。常与白鹭类混群，为群聚性，成群活动，但目前数量已稀少，变为零星出现。以软体动物、甲壳类、昆虫、小鱼和两栖类等为食。

【地理分布】 国内繁殖于东北黑龙江，冬季在福建、广东沿海地区越冬，偶尔至内陆西南地区。

【本地报告】 保护区有历史记录，近年没有发现，旅鸟，罕见。

【遇见月份】

1	2	3	4	5	6	7	8	9	10	11	12

黑头白鹮

小苇鳽 *Ixobrychus minutus* 鹭科

【外部形态】 体长约35cm。雄鸟头顶、背部、飞羽及尾羽为闪暗绿光泽的黑色，头侧、颈部和翼上覆羽黄褐色，喉及颈前略白，前胸两侧或有黑褐色羽毛，腹部白色泛黄。雌鸟体羽略淡，背部黑色不显著，或为深褐色。嘴黄色，上嘴脊黑色，跗跖、趾草绿色。

【栖息生境】 沼泽湿地、草地。

【生态习性】 白天隐藏在芦苇或其他茂密的植物丛中，主要在黄昏、晚上和清晨觅食。食物主要为各种小鱼、蛙、蝌蚪、水生和陆生昆虫、甲壳类和软体动物等。

【地理分布】 国内主要分布在新疆塔里木河流域。

【本地报告】 保护区有历史记录，近年没有发现，有待进一步确认，罕见。

【遇见月份】

1	2	3	4	5	6	7	8	9	10	11	12

红鹳目
PHOENICOPTERIFORMES

通称火烈鸟。中型涉禽。颈和脚均长，脚适于步行；嘴形侧扁而直；眼先裸出；胫的下部裸出；后趾发达，与前趾同在一平面上。栖于水边或近水地方。觅吃小鱼、虫类及其他小型动物。

保护区分布有1科1种。

红鹳科 Phoenicopteridae

大红鹳 *Phoenicoperus ruber*

【外部形态】体长约135cm。体羽白而带玫瑰色，飞羽黑，覆羽深红。嘴短而厚，上嘴中部突向下曲，下嘴较大成槽状。颈长，脚极长而裸出。嘴红色，端黑；脚红色。

【栖息生境】沼泽浅水区域。

【生态习性】成群活动。

【地理分布】国内在西北部青海、新疆、宁夏等地有群鸟及单只鸟的记录，近年在湖南、四川、河北、山东等地有观鸟记录，可能是阿富汗或哈萨克斯坦中部繁殖群中分离出来进入中国的，也有可能是养殖逃逸的个体。

【本地报告】连云港沿海湿地12月发现过小群。保护区南部东台条子泥有记录，迷鸟，罕见。

【遇见月份】

1	2	3	4	5	6	7	8	9	10	11	12

雁形目
ANSERIFORMES

本目鸟类统称雁鸭类，大中小型水禽。嘴型大多平扁，少数近圆锥形。嘴缘有栉状突或锯齿，嘴端有嘴甲。跗跖短，满蹼足。栖息于水草丰富的池塘、湖泊、水库等水体中，也出现在林缘沼泽和四周有植物覆盖的水塘和溪流中。很多种类既能在水面觅食，也能潜入水下觅食，有时也到水边陆地上觅食青草。食物主要为谷类、作物幼苗、青草和水生植物等植物性食物，也吃昆虫、螺、蜗牛、软体动物、蛙和小鱼等动物性食物。

保护区分布有1科36种。

鸭科 Anatidae

大天鹅 *Cygnus Cygnus*

【外部形态】 体长约155cm。全身羽毛白色，仅头稍沾棕黄色。嘴黑色，上嘴基部黄斑沿两侧向前延伸至鼻孔之下。脚黑色。

【栖息生境】 湖泊湿地。

【生态习性】 飞行队列整齐，常成“一”、“人”和“V”字形。通常边飞边鸣，鸣声响亮而单调。主要以水生植物叶、茎、种子和根茎为食，如莲藕、胡颓子和水草。除繁殖期外常成群生活，特别是冬季，有时多至数十至数百只的大群栖息在一起。

【地理分布】 黑龙江、蒙古及西伯利亚等地繁殖，越冬于长江流域及附近湖泊。

【本地报告】 保护区内有分布，冬候鸟。数量少，偶见。

【遇见月份】

1	2	3	4	5	6	7	8	9	10	11	12

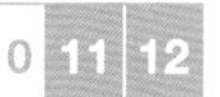

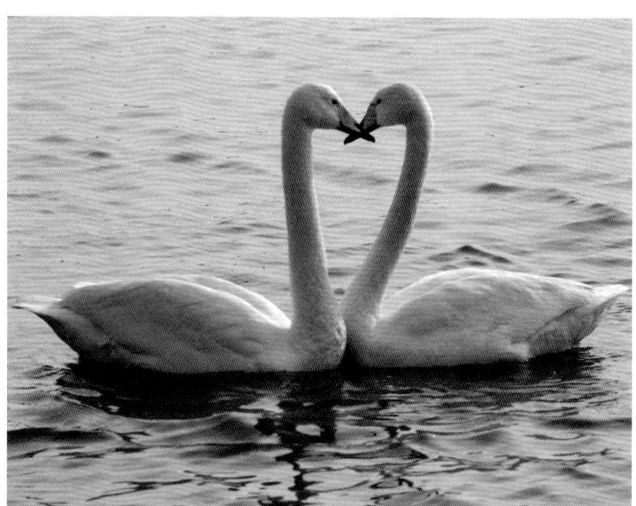

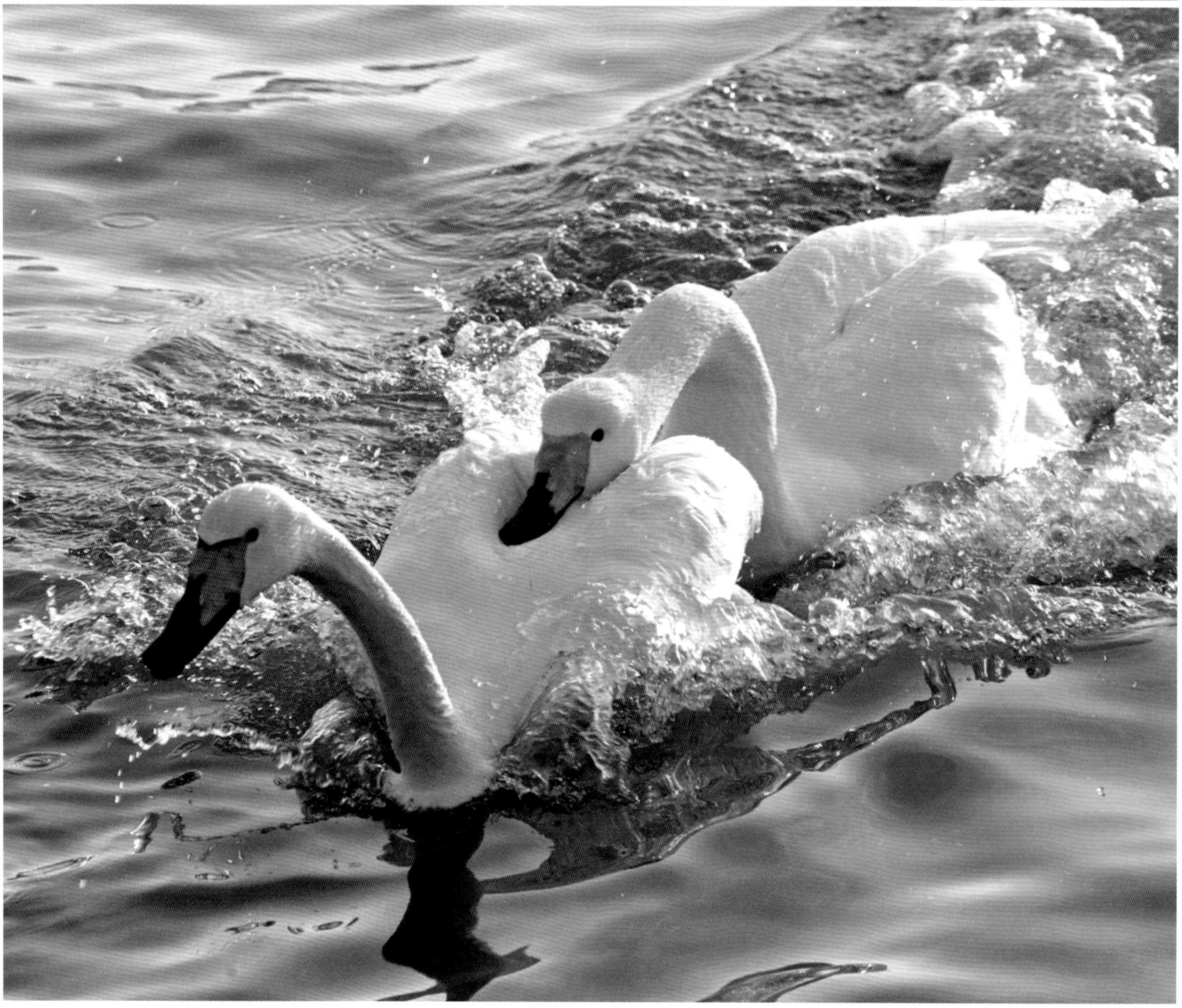

疣鼻天鹅 *Cygnus olor*

【外部形态】 大型游禽，体长约150cm。全身羽毛白色。游泳时颈部弯曲而略似"S"形。嘴粉红色，嘴基有明显的球块，雄性的球块较大。脚黑色。

【栖息生境】 湖泊、河流。

【生态习性】 常在开阔的湖心水面游泳和觅食，晚上亦多栖息在安静而少干扰的湖心岛上或漂浮在水面的物体和干的芦苇堆上。主要以水生植物的叶、根、茎、芽和果实为食，也吃水藻和小型水生动物。

【地理分布】 国内分布于新疆、青海、内蒙古、四川，迁徙经黑龙江、吉林、辽宁旅顺、河北、山东青岛等，越冬在青海湖和长江中下游等地。

【本地报告】 保护区内有野外记录，冬候鸟。数量稀少，野外罕见。

【遇见月份】

1	2	3	4	5	6	7	8	9	**10**	11	12

疣鼻天鹅

小天鹅 *Cygnus columbianus*

【外部形态】 体长约140cm。与大天鹅在体形上非常相似，全身羽毛白色，颈部长。小天鹅嘴部黄斑仅限于嘴基的两侧，沿嘴缘不延伸到鼻孔以下。脚黑色。

【栖息生境】 湖泊湿地。

【生态习性】 除繁殖期外常呈小群或家族群活动，有时也和大天鹅在一起混群。主要以水生植物的叶、根、茎和种子等为食，也吃少量螺类、软体动物、水生昆虫和其他小型水生动物，有时还吃农作物的种子、幼苗等。

【地理分布】 迁徙时途经东北地区，至长江流域湖泊和东南沿海地区越冬。

【本地报告】 保护区内水域和沼泽湿地可见，冬候鸟。数量较大天鹅多，较常见。

【遇见月份】

1	**2**	**3**	4	5	6	7	8	9	10	**11**	**12**

小天鹅

豆雁 *Anser fabalis*

【外部形态】 体长约80cm。外形大小和形状似家鹅。上体灰褐色或棕褐色，下体污白色。嘴黑褐色、具橘黄色带斑，脚橙黄色。

【栖息生境】 湖泊、农田地。

【生态习性】 性喜集群，除繁殖期外常成群活动。迁徙季节常集成数十、数百、甚至上千只的大群。飞行时成“人”或“一”字形。主要以植物性食物为食。繁殖季节主要吃苔藓、地衣、植物嫩芽、嫩叶，也吃植物果实与种子和少量动物性食物。

【地理分布】 迁徙时经过中国东北、华北、内蒙古、甘肃、青海、新疆等地。国内于长江中下游和东南沿海地区越冬。

【本地报告】 保护区内可见近千只群在麦田中栖息觅食，冬候鸟，常见。

【遇见月份】

豆雁

鸿雁 *Anser cygnoides*

【外部形态】 体长约90cm。体色浅灰褐色，头顶到后颈暗棕褐色，前颈近白色。远处看起来头顶、后颈与前颈黑白两色分明，反差强烈。嘴黑色，跗跖与趾橙黄色或肉红色。

【栖息生境】 湖泊、农田。

【生态习性】 性喜结群，迁徙季节常集成数十、数百、甚至上千只的大群。主要以各种草本植物的叶、芽、芦苇、藻类等植物性食物为食，也吃少量甲壳类和软体动物等动物性食物。

【地理分布】 国内分布于内蒙古东部、黑龙江、吉林（繁殖鸟）；在长江流域湖泊及沿海地区越冬。

【本地报告】 保护区近年有记录，冬候鸟。数量少，偶见。

【遇见月份】

1	2	3	4	5	6	7	8	9	10	11	12

鸿雁

白额雁 *Anser albifrons*

【外部形态】 体长约75cm。和豆雁大小差不多。雌雄相似，上体大多灰褐色，从上嘴基部至额有一宽阔白斑，下体白色，杂有黑色块斑。嘴肉红色，脚橘黄色。

【栖息生境】 湖泊湿地、农田。

【生态习性】 喜群居，飞行时成有序的队列，“一”或“人”字形等。主要以植物性食物为食。觅食多在白天，通常天一亮即成群飞往陆地上的觅食地，中午回到夜栖地休息和喝水，然后再次成群飞到觅食地觅食，直到日落才又回到夜栖地。

【地理分布】 国内越冬于长江中下游流域及东南沿海地区，迁徙时经过中国东北、内蒙古、河北、山东、河南等地。

【本地报告】 保护区内水域和沼泽湿地可见，旅鸟，少数越冬个体。

【遇见月份】

白额雁

小白额雁 *Anser erythropus*

【外部形态】 体长约60cm，雁类中体型最小。雌雄相似，嘴基和额部有显著的白斑。外形和白额雁相似，但体形较白额雁小，体色较深，嘴、脚亦较白额雁短；额部白斑却较白额雁大，一直延伸到两眼之间的头顶部，不像白额雁仅及嘴基；另外小白额雁眼周金黄色，而白额雁非金黄色。嘴肉红色，嘴甲淡白色，脚橘黄色。

【栖息生境】 农田。

【生态习性】 常成群活动。晚上多在水中栖息过夜，白天则成群飞到苔原、草地觅食。善于在地上行走，且奔跑迅速。春夏季多在海边或湖边草地上觅食植物芽苞、嫩叶和嫩草；秋冬季则主要在盐碱平原、半干旱草原、水边沼泽和农田地区觅食各种草本植物、谷类、种子和农作物幼苗。

【地理分布】 国内越冬于长江中下游流域和东南沿海地区。迁徙时经过中国东北、内蒙古、河北、山东、河南等地。

【本地报告】 保护区内水域和沼泽湿地可见，旅鸟，少数个体越冬，偶见。

【遇见月份】

小白额雁

灰雁

灰雁 *Anser anser*

【外部形态】 体长约80cm。雌雄相似，雄略大于雌。上体灰褐色，下体污白色。粉红色的嘴和脚特征明显。

【栖息生境】 湖泊、农田地。

【生态习性】 喜群居，飞行时成有序的队列，“一”或“人”字形等。主要以植物性食物为食，有时也吃螺、虾、昆虫等动物性食物。

【地理分布】 国内在黑龙江、内蒙古、甘肃、青海、新疆等北部地区繁殖，冬季到长江以南和东南沿海地区越冬。

【本地报告】 保护区内水域和沼泽湿地可见，旅鸟，少数个体越冬，偶见。

【遇见月份】

1	**2**	**3**	4	5	6	7	8	9	10	**11**	**12**

雪雁 *Chen caerulescens*

【外部形态】 体长约80cm。雌雄相似，体羽纯白，头和颈有时染有不同程度的锈色，初级飞羽黑色。嘴、脚、蹼粉红色。

【栖息生境】 沿海的农田地。

【生态习性】 喜结群。主要以植物为食。在越冬区，主要摄食谷物以及庄稼的嫩苗。

【地理分布】 繁殖于极地的苔原冻土带，偶见于日本及中国东部越冬。国内偶见于河北和长江口一带。

【本地报告】 保护区内仅于射阳有过记录，迷鸟，罕见。

【遇见月份】

1	2	3	4	5	6	7	8	9	10	11	12

雪雁

赤麻鸭 *Tadorna ferruginea*

【外部形态】 体长约60cm。全身赤黄褐色，翅上有明显的白色翅斑和铜绿色翼镜；繁殖季节雄鸟有一黑色颈环。飞翔时黑色的飞羽、尾、嘴和脚、黄褐色的体羽和白色的翼上和翼下覆羽形成鲜明的对照。

【栖息生境】 湖泊、河流。

【生态习性】 繁殖期成对生活，非繁殖期以家族群和小群生活，有时也集成数十、甚至近百只的大群。主要以水生植物叶、芽、种子、农作物幼苗、谷物等为食，也吃昆虫、甲壳动物、软体动物、虾、水蛙、蚯蚓、小蛙和小鱼等动物性食物。觅食多在黄昏和清晨。秋冬季节常见小群在河流两岸耕地上觅食散落的谷粒，也在水边浅水处和水面觅食。

【地理分布】 国内分布广泛，繁殖于新疆、西藏、青海、甘肃、内蒙古、黑龙江、陕西、四川、云南；在长江以南和东南沿海地区越冬。

【本地报告】 保护区内水域和沼泽湿地可见，冬候鸟，较常见。

【遇见月份】

1	2	3	4	5	6	7	8	9	10	11	12

翘鼻麻鸭 *Tadorna tadorna*

【外部形态】体长约60cm。体羽大都白色，头和上颈黑色，具绿色光泽；嘴向上翘，红色；繁殖期雄鸟上嘴基部有一红色瘤状物。自背至胸有一条宽的栗色环带。脚肉红色或粉红色。

【栖息生境】湖泊、河口湿地。

【生态习性】常数十至上百只结群活动。主要以水生昆虫、昆虫幼虫、藻类、软体动物、蜗牛、牡蛎、海螺蛳、沙蚕、水蛭、蜥蜴、甲壳类、陆栖昆虫、小鱼和鱼卵等动物性食物为食，也吃植物叶片、嫩芽和种子等植物性食物。

【地理分布】国内繁殖于新疆、青海、内蒙古、黑龙江；在长江以南和东南沿海地区越冬。

【本地报告】保护区内水域和沼泽湿地可见，冬候鸟。迁徙和越冬期可见上百只群，较常见。

【遇见月份】

1	2	3	4	5	6	7	8	9	10	11	12

红胸黑雁 *Branta ruficollis*

【外部形态】 体长约55cm。小型雁类，是雁类中体色最艳丽的一种。雄鸟和雌鸟的羽色相似，头顶和后颈均为黑色，眼前有一个椭圆形的白斑，眼后有一个栗红色的颊斑，外面围以白边，胸部也是栗红色，外面也围着一条窄的白边，这条白边沿着颈侧向上与颊部的白边相连，十分鲜艳而醒目。嘴、跗跖、脚均为黑褐色。

【栖息生境】 海湾、河口。

【生态习性】 喜欢结群，但不与其他雁鸭类混群。主要以青草或水生植物的嫩芽、叶、茎等为食，也吃根和植物种子，冬季有时还吃麦苗等农作物的幼苗。常成群觅食。

【地理分布】 国内偶见越冬的迷鸟，仅见于湖南洞庭湖。

【本地报告】 保护区内有历史记录，近年没有发现，罕见。

【遇见月份】

1	2	3	4	5	6	7	8	9	10	11	12

红胸黑雁

棉凫 *Nettapus coromandelianus*

【外部形态】 体长约30cm，鸭科中体长瘦小者。繁殖期雄性毛色泛黑绿色光泽，头部、颈部及下身主要呈白色。飞行时，双翼呈绿色并有白带，雌鸟羽色较淡。雄鸟嘴黑棕色，跗跖黑色；雌鸟嘴褐色，跗跖两侧及后缘青黄色。蹼黄色。

【栖息生境】 湖泊、河流、池塘等。

【生态习性】 常成对或成几只至二十多只小群活动。性较温顺。善游泳，也善潜水。主要以水生植物和陆生植物的嫩芽、嫩叶、根等为食，也吃水生昆虫、蠕虫、蜗牛、软体动物、甲壳类和小鱼等。觅食活动在白天，常在水面和岸边浅水处觅食。营巢于距水域不远的树洞里，也见营巢于房前樟树洞和池边柳树洞中，甚至在废弃的烟囱内营巢。

【地理分布】 国内繁殖于长江及西江流域、华南及东南部沿海，包括海南岛及云南西南部。台湾及河北北部有迷鸟记录。

【本地报告】 保护区有历史记录，近年没有发现，夏候鸟，罕见。

【遇见月份】

1	2	3	4	5	6	7	8	9	10	11	12

棉凫

鸳鸯 *Aix galericulata*

【外部形态】 体长约40cm。雌雄异色，雄鸟嘴红色，脚橙黄色，羽色鲜艳，头具冠羽，眼后有宽阔的白色眉纹，翅上有一对栗黄色扇状直立羽，极易辨认。雌鸟嘴黑色，脚橙黄色，头和整个上体灰褐色，眼周白色，其后连一细的白色眉纹。雄鸟嘴为红色，跗跖和趾橙黄色；雌鸟嘴褐色，跗跖和趾褐黄色。

【栖息生境】 湖泊、河流。

【生态习性】 除繁殖期外，常成群活动，特别是迁徙季节和冬季，集群多达数十、近百只。善游泳和潜水。杂食性。食物的种类常随季节和栖息地的不同而有变化，繁殖季节以动物性食物为主，冬季主要以草叶、树叶、草根、草籽、苔藓等植物性食物为食，也吃玉米、稻谷等农作物和忍冬、橡子等植物果实与种子。

【地理分布】 国内繁殖于内蒙古东北部及东北北部和中部地区；迁徙经山东、河北、甘肃等地；越冬在长江中、下游及东南沿海一带。

【本地报告】 保护区内水域和沼泽湿地可见，冬候鸟，较常见。

【遇见月份】

1	2	3	4	5	6	7	8	9	10	11	12

赤颈鸭 *Anas penelope*

【外部形态】体长约50cm。雄鸟头和颈棕红色，额至头顶有一乳黄色纵带。背和两肋灰白色，满杂以暗褐色波状细纹，翼镜翠绿色，翅上覆羽纯白色。在水中时可见体侧形成的显著白斑，飞翔时和后面的绿色翼镜形成鲜明对照。雌鸟上体大都黑褐色，翼镜暗灰褐色，上胸棕色，其余下体白色。嘴蓝灰色，先端黑色，跗跖铅蓝色，蹼黑褐色。

【栖息生境】湖泊、沼泽湿地。

【生态习性】除繁殖期外，常成群活动，也和其他鸭类混群。善游泳和潜水。飞行快而有力。主要以植物性食物为食，常成群在水边浅水处水草丛中或沼泽地上觅食眼子菜、藻类和其他水生植物的根、茎、叶和果实；也常到岸上或农田觅食青草、杂草种子和农作物，也吃少量动物性食物。

【地理分布】国内繁殖于内蒙古、黑龙江，冬季迁至黄河以南地区，包括海南岛、台湾越冬。

【本地报告】保护区内水域和沼泽湿地可见，冬候鸟。多集大群在人为干扰少的湿地，但并不常见。

【遇见月份】

1	2	3	4	5	6	7	8	9	10	11	12

赤颈鸭

赤膀鸭 *Anas strepera*

【外部形态】体长约50cm。雄鸟上体暗褐色，背上部具白色波状细纹，腹白色，胸暗褐色而具新月形白斑，翅具宽阔的棕栗色横带和黑白二色翼镜，飞翔时尤为明显。雌鸟上体暗褐色而具白色斑纹，翼镜白色。雄鸟嘴为黑色，雌鸟橙黄色，跗跖橙黄色或棕黄色。

【栖息生境】湖泊、沼泽湿地。

【生态习性】常成小群活动，也喜欢与其他野鸭混群。生性胆小而机警。飞行极快，两翅扇动快速而有力。食物以水生植物为主，清晨和黄昏常在水边水草丛中觅食，也到岸上或农田地中觅食青草、草子、浆果和谷粒。

【地理分布】国内繁殖于内蒙古、黑龙江、吉林、辽宁；越冬于长江以南地区及西藏南部。

【本地报告】保护区内水域和沼泽湿地可见，冬候鸟。数量较少，不常见。

【遇见月份】

1	2	3	4	5	6	7	8	9	10	11	12

赤膀鸭

罗纹鸭 *Anas falcata*

【外部形态】 体长约50cm。雄鸟繁殖期头顶暗栗色，头侧、颈侧和颈冠铜绿色，额基有一白斑；颏、喉白色，其上有一黑色横带位于颈基处。三级飞羽甚长，向下垂，呈镰刀状；下体满杂以黑白相间波浪状细纹；尾下两侧各有一块三角形乳黄色斑。雌鸭略较雄鸭小，上体黑褐色，满布淡棕红色“U”形斑；下体棕白色，满布黑斑。嘴黑褐色，脚橄榄灰色。

【栖息生境】 湖泊、沼泽湿地。

【生态习性】 常成对或成小群活动，冬季和迁徙季节亦集成数十只的群。白天多在开阔的湖面、江河、沙洲或湖心岛上休息和游泳，清晨和黄昏才飞到附近农田或游至水边浅水处觅食。飞行灵活迅速。主要以水藻、水生植物嫩叶、种子、草籽等植物性食物为食，也到农田觅食稻谷和幼苗，偶尔也吃软体动物、甲壳类和水生昆虫等小型无脊椎动物。

【地理分布】 国内繁殖于内蒙古、黑龙江、吉林；在黄河下游、长江以南、包括海南越冬。

【本地报告】 保护区内水域和沼泽湿地可见，冬候鸟，较常见。

【遇见月份】

1	2	3	4	5	6	7	8	9	10	11	12

花脸鸭 *Anas formosa*

【外部形态】 体长约42cm。雄鸟繁殖羽极为艳丽，特别是脸部由黄、绿、黑、白等多种色彩组成的花斑极为醒目。胸侧和尾基两侧各有一条垂直白带，可以明显区别于其他野鸭。雌鸟上体暗褐色，眼先在嘴基处有一棕白色或白色圆形斑，眼后上方具棕白色眉纹。嘴黑色，脚灰绿沾黑色。

【栖息生境】 湖泊、沼泽湿地。

【生态习性】 白天常成小群或与其他野鸭混群游泳或漂浮于开阔的水面休息，夜晚则成群飞往附近田野、沟渠或湖边浅水处寻食。主要以轮叶藻、柳叶藻、菱角、水草等各类水生植物的芽、嫩叶、果实和种子为食，也常到收获后的农田觅食散落的稻谷和草子，也吃螺、软体动物、水生昆虫等小型无脊椎动物。觅食多在黄昏和晚上。

【地理分布】 繁殖于东北亚，主要在长江中下游及东南沿海一带越冬。

【本地报告】 保护区内水域和沼泽湿地可见，冬候鸟。数量少，不常见。

【遇见月份】

1	2	3	4	5	6	7	8	9	10	11	12

花脸鸭

绿头鸭 *Anas platyrhynchos*

【外部形态】 体长约58cm，外形似家鸭。雄鸟头和颈辉绿色，颈部有一明显的白色领环。上体黑褐色，腰和尾上覆羽黑色，两对中央尾羽亦为黑色，且向上卷曲成钩状；具紫蓝色翼镜，翼镜上下缘具宽的白边，飞行时极醒目。雌鸟具有紫蓝色翼镜及翼镜前后缘宽阔的白边等特征。雄鸟嘴黄绿色或橄榄绿色，嘴甲黑色，跗跖红色；雌鸟嘴黑褐色，嘴端暗棕黄色，跗跖橙黄色。

【栖息生境】 湖泊、河流湿地。

【生态习性】 除繁殖期外常成群活动，迁徙和越冬期常集成数十、数百只的大群。主要以植物的叶、芽、茎、水藻和种子等为食，也吃软体动物、甲壳类、水生昆虫等动物性食物，秋季迁徙和越冬期间也常到收割后的农田觅食散落在地上的谷物。觅食多在清晨和黄昏。营巢于湖泊、河流等水域岸边草丛中地上或倒木下的凹坑处，营巢环境极为多样。

【地理分布】 国内于西北和东北大部地区繁殖，南方越冬，数量很多，分布广泛。

【本地报告】 保护区内水域和沼泽湿地可见，冬候鸟，少数个体留居繁殖。数量较多，常见。

【遇见月份】

1	2	3	4	5	6	7	8	9	10	11	12

绿头鸭

绿翅鸭 *Anas crecca*

【外部形态】体长约37cm。雄鸟头至颈部深栗色，头顶两侧从眼开始有一条宽阔的绿色带斑一直延伸至颈侧，尾下覆羽黑色，两侧各有一黄色三角形斑，在水中游泳时，极为醒目。雌鸟上体暗褐色，下体白色或棕白色，杂以褐色斑点。嘴黑色，跗跖棕褐色。

【栖息生境】湖泊、河流、池塘等。

【生态习性】喜集群，迁徙季节和冬季常集成数百甚至上千只的大群。飞行疾速、敏捷有力。冬季主要以植物性食物为主，特别是水生植物种子和嫩叶，有时也到附近农田觅食收获后散落在地上的谷粒。其他季节也吃螺、甲壳类、软体动物、水生昆虫和其他小型无脊椎动物。觅食主要在浅水处。

【地理分布】国内在新疆西北部的天山和东北各省繁殖，越冬期广泛分布于中国中部和南部各地。

【本地报告】保护区内水域和沼泽湿地可见，冬候鸟。数量多、分布广，常见。

【遇见月份】

1	2	3	4	5	6	7	8	9	10	11	12

斑嘴鸭 *Anas poecilorhyncha*

【外部形态】 体长约60cm。雌雄羽色相似。脸至上颈侧、眼先、眉纹、颏和喉均为淡黄白色，远处看起来呈白色，与深的体色呈明显反差。上嘴黑色，先端黄色，跗跖和趾橙黄色。

【栖息生境】 湖泊、沿海河口湿地。

【生态习性】 除繁殖期外，常成群活动，也和其他鸭类混群。善游泳，亦善于行走，但很少潜水。主要吃植物性食物，如水生植物的叶、嫩芽、茎、根和松藻、浮藻等水生藻类、草籽和谷物种子；也吃昆虫、软体动物等动物性食物。营巢于湖泊、河流等水域岸边草丛中或芦苇丛中。

【地理分布】 国内广泛分布，繁殖于我国东北、内蒙古、华北、西北甘肃、宁夏、青海，一直到四川；越冬在我国长江以南、西藏南部和台湾，部分终年留居长江中下游、华东和华南一带，以及台湾和云南。

【本地报告】 保护区内水域和沼泽湿地可见，冬候鸟，少数个体留居繁殖。常见且数量较多。

【遇见月份】

1	2	3	4	5	6	7	8	9	10	11	12

针尾鸭

针尾鸭 *Anas acuta*

【外部形态】 体长约55cm。雄鸟背部杂以淡褐色与白色相间的波状横斑，头暗褐色，颈侧有白色纵带与下体白色相连，翼镜铜绿色，正中一对尾羽特别延长。雌鸟体型较小，上体大都黑褐色，杂以黄白色斑纹，无翼镜，尾较雄鸟短。嘴黑色，脚灰黑色。

【栖息生境】 湖泊、沼泽湿地。

【生态习性】 性喜成群，迁徙季节和冬季常成几十只至数百只的大群。活动和休息多在近岸边水域和开阔的沙滩和泥地上。飞行快速有力。主要以草籽和其他水生植物嫩芽和种子等为食，也到农田觅食部分散落的谷粒。繁殖期间则多以水生无脊椎动物，如淡水螺、软体动物和水生昆虫为食。

【地理分布】 国内在新疆西北部及西藏南部有繁殖记录，冬季迁至中国长江以南及东南沿海大部地区、台湾越冬。

【本地报告】 保护区内水域和沼泽湿地可见，冬候鸟。数量较少，不常见。

【遇见月份】

1	2	3	4	5	6	7	8	9	10	11	12

白眉鸭 *Anas querquedula*

【遇见月份】

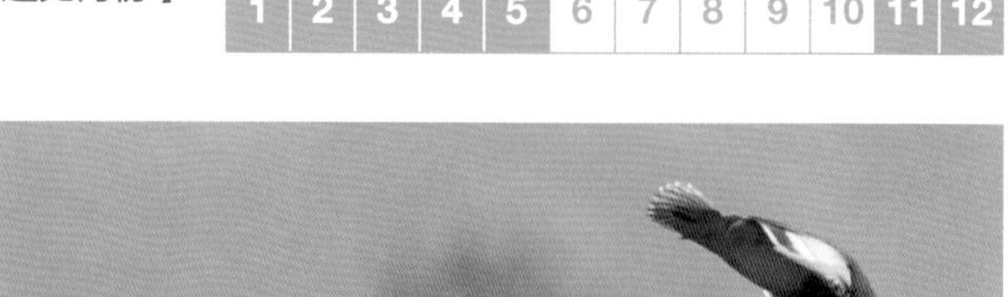

1	2	3	4	5	6	7	8	9	10	11	12

【外部形态】 体长约40cm。雄鸟头和颈淡栗色，具白色细纹；眉纹白色，宽而长，一直延伸到头后，极为醒目；上体棕褐色，翼镜绿色。雌鸟上体黑褐色，下体白而带棕色；眉纹白色，但不及雄鸟显著。嘴黑褐色，嘴甲黑色，跗跖灰黑色。

【栖息生境】 湖泊、沼泽湿地。

【生态习性】 常成对或小群活动，迁徙和越冬期间亦集成大群。性胆怯而机警，常在有水草隐蔽处活动和觅食。飞行快捷。主要以水生植物的叶、茎、种子为食，也到岸上觅食青草和到农田地觅食谷物。春夏季节也吃软体动物、甲壳类和昆虫等水生动物。多在夜间觅食，白天在开阔水面或水草丛中休息。

【地理分布】 国内繁殖于新疆、内蒙古、黑龙江，在黄河以南大部地区、包括海南岛、台湾越冬。

【本地报告】 保护区内水域和沼泽湿地可见，冬候鸟。数量少，不常见。

白眉鸭

琵嘴鸭 *Anas clypeata*

【外部形态】 体长约50cm。嘴大而扁平，先端扩大成铲状，形态极为特别。雄鸭头至上颈暗绿色而具光泽，背黑色，背的两边以及外侧肩羽和胸白色，且连成一体，翼镜金属绿色，腹和两肋栗色。雌鸭略较雄鸭为小，外貌特征亦不及雄鸭明显。嘴雄鸭为黑色，雌鸭为黄褐色，跗跖橙红色，爪蓝黑色。

【栖息生境】 湖泊、沼泽湿地。

【生态习性】 常成对或成小群，迁徙季节亦集成较大的群体。多在水塘和浅水处活动和觅食。主要以螺、软体动物、甲壳类、水生昆虫、鱼、蛙等动物性食物为食，也食水藻、草籽等植物性食物。觅食方式主要是在水边浅水处或沼泽地上通过呈铲形的嘴在泥土中掘食。觅食主要在白天进行，休息时多集中在紧靠觅食水域的岸边或岸上。

【地理分布】 国内繁殖于新疆、内蒙古、黑龙江；在西藏、四川、长江以南及东南沿海、台湾越冬。

【本地报告】 保护区内水域和沼泽湿地可见，冬候鸟。数量较少，不常见。

【遇见月份】

1	2	3	4	5	6	7	8	9	10	11	12

红头潜鸭 *Aythya ferina*

【外部形态】 体长约46cm。雄鸭头顶呈红褐色，胸部和肩部黑色，其他部分大都为淡棕色，翼镜大部呈白色。雌体大都呈淡棕色，翼灰色，腹部灰白。嘴淡蓝色，基部和先端淡黑色，跗跖和趾铅色。

【栖息生境】 湖泊、池塘湿地。

【生态习性】 常成群活动，特别是迁徙季节和冬季常集成大群。有时也和其他鸭类混群。食物主要为水藻、水生植物叶、茎、根和种子。有时也到岸上觅食青草和草籽。春夏季也觅食软体动物、甲壳类、水生昆虫、小鱼和虾等动物性食物。常在黄昏和清晨觅食。

【地理分布】 繁殖于中国西北，冬季迁至华东及华南。

【本地报告】 保护区内水域和沼泽湿地可见，冬候鸟。数量较多，开阔水域常见大群。

【遇见月份】

1	2	3	4	5	6	7	8	9	10	11	12

青头潜鸭 *Aythya baeri*

【外部形态】体长约45cm。雄鸟头和颈黑色，并具绿色光泽，眼白色；上体黑褐色，下背和两肩杂以褐色虫蠹状斑，腹部白色，与胸部栗色截然分开，并向上扩展到两肋前面，下腹杂有褐斑；两肋淡栗褐色，具白色端斑。雌鸟体羽纯褐色。嘴深灰色，嘴基和嘴甲黑色，跗跖铅灰色。

【栖息生境】湖泊、池塘湿地。

【生态习性】秋季和冬季常集群，有时也与其他潜鸭混群栖息。性胆怯，翅强而有力，飞行甚快，也能在地上快速行走。善潜水和游泳。主要以各种水草的根、叶、茎和种子等为食，也吃软体动物、水生昆虫、甲壳类、蛙等动物性食物。觅食方式主要为潜水，但也能在水边浅水处直接伸头摄食。

【地理分布】国内繁殖于内蒙古、黑龙江、吉林、辽宁、河北北部；在长江以南及东南沿海地区越冬。

【本地报告】保护区内水域和沼泽湿地可见，常混群与其他潜鸭中，冬候鸟，罕见。

【遇见月份】

凤头潜鸭 *Aythya fuligula*

【外部形态】体长约40cm。雄鸟头和颈黑色，具紫色光泽，头顶有丛生的长形黑色冠羽披于头后，腹部及体侧白。雌鸟深褐，两肋褐而羽冠短。嘴蓝灰色或铅灰色，嘴甲黑色，跗跖铅灰色，蹼黑色。

【栖息生境】湖泊、沼泽湿地。

【生态习性】常成群活动，特别是迁徙和越冬期间常集成上百只的大群。善游泳和潜水。主要在白天潜水觅食，晚上多栖息于湖心岛上或近岸的烂泥滩和沙洲上，也有的在离岸不远的水面漂浮睡觉。食物主要为虾、蟹、蛤、水生昆虫、小鱼、蝌蚪等动物性食物，有时也吃少量水生植物。

【地理分布】国内繁殖于内蒙古、黑龙江、吉林；迁徙时全国可见，在长江以南、台湾越冬。

【本地报告】保护区内水域和沼泽湿地可见，冬候鸟，较常见。

【遇见月份】

1	2	3	4	5	6	7	8	9	10	11	12

斑背潜鸭 *Aythya marila*

【外部形态】体长约45cm。雄鸟头和颈黑色，具绿色光泽无羽冠，背灰。雌鸟嘴基有一宽白色环。嘴蓝灰色，跗跖和趾铅蓝色。

【栖息生境】湖泊、沼泽湿地。

【生态习性】非繁殖期喜成群。有时也与别的潜鸭混群活动。善游泳和潜水。通常白天潜水觅食，主要以甲壳类、软体动物、水生昆虫、小型鱼类等水生动物为食。也吃水藻、水生植物叶、茎、种子等。休息时常成群浮在水面。

【地理分布】迁徙时我国东部沿海地区可见，在长江以南沿海各省、台湾越冬。

【本地报告】保护区内水域和沼泽湿地可见，冬候鸟，不常见。

【遇见月份】

1	2	3	4	5	6	7	8	9	10	11	12

斑背潜鸭

黑海番鸭

黑海番鸭 *Melanitta nigra*

【外部形态】体长约50cm。雄鸟全黑，嘴基有大块黄色肉瘤。雌鸟烟灰褐色，头顶及枕黑色，脸和前颈皮灰黄色。飞行时，两翼近黑，翼下羽深色。

【栖息生境】沿海区域。

【生态习性】性喜集群，通常密集在一起游泳，偶尔也见单只或成对活动。善于潜水，游泳快而轻盈，尾常翘起。主要通过潜水觅食，食物主要为水生昆虫、甲壳类、软体动物等动物性食物，也吃眼子菜和其他水生植物的根、叶等植物性食物。

【地理分布】国内偶见于东南沿海地区，上海沿海有分布。

【本地报告】保护区内有历史记录，冬候鸟，罕见。

【遇见月份】

1	2	3	4	5	6	7	8	9	10	11	12

斑脸海番鸭 *Melanitta fusca*

【外部形态】 体长约56cm。雄鸟全身披黑褐色羽毛，上嘴基有红、黄、黑色的肉瘤；眼后有一新月形白色斑。雌鸟头、颈棕黑色；上嘴基及耳部有一淡白色块斑；无肉瘤。下体色泽较淡；胸部中央和腹的两侧白色。

【栖息生境】 沿海区域。

【生态习性】 除繁殖期外常成群活动，特别是迁徙期间和冬季，常集成大的群体，偶尔也见有单只活动。游泳时尾向上翘起，潜水时两翅微张，常频繁地潜水。斑脸海番鸭主要通过潜水捕食。食物主要为鱼类、水生昆虫、甲壳类、贝类、软体动物等动物性食物，也食眼子菜和其他水生植物。觅食主要在白天，整天绝大部分时间都在潜水捕食。

【地理分布】 国内主要在东部沿海地区，内地安徽境内长江水域也偶有报道，罕见冬候鸟，迁徙时见于中国东北。

【本地报告】 连云港车牛山岛3月份有记录，保护区有历史记录，近年没有发现，冬候鸟。数量稀少，较为罕见。

【遇见月份】

1	2	3	4	5	6	7	8	9	10	11	12

斑脸海番鸭

白秋沙鸭 *Mergellus albellus*

【外部形态】 体长约40cm。雄鸟体羽以黑白色为主，眼周、枕部、背黑色，腰和尾灰色，两翅灰黑色。雌鸟上体黑褐色，下体白色，头顶栗色。嘴和跗跖铅灰色，雌鸟绿灰色。

【栖息生境】 湖泊、沿海湿地。

【生态习性】 除繁殖外常成群活动，有时也多至数十只的大群。善游泳和潜水，喜欢在平静的湖面活动。通常一边游泳一边频频潜水取食。休息时多在湖边或河边水域中来回游荡，或栖于水边石头上和浸在水中的物体上，很少上岸。食物包括小型鱼类、甲壳类、贝类、水生昆虫等无脊椎动物，偶尔也吃少量水草、种子等植物性食物。

【地理分布】 国内繁殖于东北西北部、新疆西部喀什、天山、青海湖以东，迁徙时途经我国大部分地区，在黄河流域、长江流域及云南、东南沿海地区越冬。

【本地报告】 保护区内水域和沼泽湿地可见，冬候鸟，较为常见。

【遇见月份】

1	2	3	4	5	6	7	8	9	10	11	12

白秋沙鸭

鹊鸭 *Bucephala clangula*

【外部形态】 体长约48cm。雄鸟头黑色，具有紫蓝色金属光泽，两颊近嘴基处有大型白色圆斑。上体黑色，颈、胸、腹、两肋和体侧白色。雌鸟略小，头和颈褐色，颈基有白色颈环；上体淡黑褐色，上胸、两肋灰色；其余下体白色。雄鸟嘴黑色，雌鸟较淡；雄鸟跗跖黄色，蹼黑色，雌鸟较淡。

【栖息生境】 湖泊、沿海湿地。

【生态习性】 除繁殖期外常成群活动，一般10～20多只。性机警而胆怯。白天成群在水流缓慢的江河与沿海海面游泳，游泳时尾翘起。边游边不断潜水觅食。食物主要为昆虫及其幼虫、蠕虫、甲壳类、软体动物、小鱼、蛙以及蝌蚪等各种水生动物。

【地理分布】 国内繁殖于黑龙江北部及西北地区，在南方及东南沿海、台湾越冬。

【本地报告】 保护区内水域和沼泽湿地可见，冬候鸟。数量较少，罕见。

【遇见月份】

1	2	3	4	5	6	7	8	9	10	11	12

红胸秋沙鸭 *Mergus serrator*

【外部形态】 体长约55cm。雄鸟黑白色，两侧多具蠕虫状细纹。雌鸟及非繁殖期雄鸟色暗而褐，近红色的头部渐变成颈部的灰白色。嘴深红色。嘴峰和嘴甲黑色，跗跖红色。

【栖息生境】 沿海、湖泊湿地。

【生态习性】 常呈小群活动。多在近海岸潮间带及其附近的岩礁处活动和觅食。几乎整天时间都在水上，很少到岸上活功。游泳时常将头浸入水中，探视水中食物，并频频潜水。食物主要为小型鱼类，也吃水生昆虫、昆虫幼虫、甲壳类、软体动物等水生动物。偶尔也吃少量植物性食物。

【地理分布】 国内繁殖于黑龙江，在长江以南沿海地区越冬。

【本地报告】 保护区内水域和沼泽湿地可见，冬候鸟。数量不多，较少见。

【遇见月份】

1	2	3	4	5	6	7	8	9	10	11	12

普通秋沙鸭 *Mergus merganser*

【外部形态】 体长约65cm。雄鸟头和上颈黑褐色而具绿色金属光泽，枕部有短的黑褐色冠羽，使头颈显得较为粗大。下颈、胸以及整个下体和体侧白色，背黑色，翅上有大型白斑，腰和尾灰色。雌鸟头和上颈棕褐色，上体灰色，下体白色，冠羽短，喉白色，具白色翼镜。嘴暗红色，跗跖红色。

【栖息生境】 湖泊、沼泽湿地。

【生态习性】 常成小群，迁徙期间和冬季也常集成数十甚至上百只的大群。游泳时颈伸得很直，飞行快而直。常常在平静的湖面一边游泳一边频频潜水觅食。食物主要为小鱼，也大量捕食软体动物、甲壳类、石蚕等水生无脊椎动物，偶尔也吃少量植物性食物。

【地理分布】 国内分布较广，繁殖于新疆、青海、西藏、黑龙江、吉林，在黄河以南及东南沿海一带越冬。

【本地报告】 保护区内水域和沼泽湿地可见，冬候鸟。秋沙鸭中数量最多、分布最广。

【遇见月份】

1	2	3	4	5	6	7	8	9	10	11	12

中华秋沙鸭

中华秋沙鸭

中华秋沙鸭 *Mergus squamatus*

【外部形态】 体长约58cm。雄鸟头部和上背黑色，下背、腰部和尾上覆羽白色；翅上有白色翼镜；头顶的长羽后伸成双冠状。雌鸟的头和颈棕褐色；上背褐色；下背、腰和尾上覆羽由褐色逐渐变为灰色，并具白色横斑；下体白色。雌雄肋羽上都有黑色鱼鳞状斑纹。嘴、脚橘黄色。

【栖息生境】 河流、湖泊湿地。

【生态习性】 成对或以家庭为群，常成3～5只小群活动，有时和鸳鸯混在一起。性机警。潜水捕食，主食鱼类、石蚕科的蛾及甲虫等。捕到鱼后先衔出水面再吞食。

【地理分布】 国内繁殖于中国东北；迁徙途经东北的沿海地区，偶在华中、西南、华东、华南和台湾越冬。

【本地报告】 保护区有历史记录，近年没有发现，冬候鸟。数量稀少，罕见。

【遇见月份】

1	2	3	4	5	6	7	8	9	10	11	12

白眼潜鸭 *Aythya nyroca* 鸭科

【外部形态】 体长约40cm。雄鸟头、颈、胸暗栗色，颈基部有一不明显的黑褐色领环；眼白色，上体暗褐色，上腹和尾下覆羽白色，翼镜和翼下覆羽亦为白色，两肋红褐色，肛区两侧黑色。雌鸟与雄鸟基本相似，但色较暗些。在水中时头、颈、胸和两肋的暗栗色，以及肛区两侧的黑色和尾下白色形成明显对照。嘴黑灰色或黑色，跗跖银灰色或黑色和橄榄绿色。

【栖息生境】 湖泊、沼泽湿地。

【生态习性】 善潜水，常在富有芦苇和水草的水面活动，并潜伏于其中。性胆小而机警，常成对或成小群活动。杂食性，主要以水生植物、鱼虾和贝壳类为食。

【地理分布】 国内繁殖于新疆西部、内蒙古；越冬于长江中游地区、四川西北部，迁徙时见于其他东南地区。

【本地报告】 保护区内水域、沼泽湿地可见，冬候鸟，偶见。

【遇见月份】

1	2	3	4	5	6	7	8	9	10	11	12

本目鸟类均为肉食性猛禽。嘴强健，上嘴啮缘锋利，先端勾曲。嘴基有蜡膜，鼻孔明显裸露。脚强壮，趾端的钩爪强大，通常后爪最长。栖息环境多样，包括森林、湿地、农田、村落等。白天活动，视觉敏锐，能捕获大于自身的猎物。

保护区分布有3科29种。

鹗科 Pandionidae

鹗

鹗 *Pandion haliaetus*

【外部形态】 体长约55cm。头及下体白色，具黑色贯眼纹。上体多暗褐色，深色的短冠羽可竖立。脚趾有锐爪，趾底布满齿，外趾能前后反转，适于捕鱼。蜡膜铅蓝色，嘴黑色，脚和趾黄色。

【栖息生境】 湖泊、河流湿地。

【生态习性】 常单独或成对活动，迁徙期间也常集成3~5只的小群，多在水面缓慢地低空飞行，有时也在高空翱翔和盘旋。多在水域的岸边枯树上或电线杆上停息。性情机警。主要以鱼类为食，有时也捕食蛙、蜥蜴、小型鸟类等其他小型陆栖动物。

【地理分布】 遍及全国各地。

【本地报告】 保护区内水域和沼泽湿地可见，旅鸟，少数个体越冬，较少见。

【遇见月份】

1	2	3	4	5	6	7	8	9	10	11	12

鹰科 Accipitridae

黑耳鸢 *Milvus migrans* 【黑鸢】

【外部形态】 体长约65cm。上体暗褐色，下体棕褐色，均具黑褐色羽干纹，尾较长，呈叉状，具宽度相等的黑色和褐色相间排列的横斑；飞翔时翼下左右各有一块大的白斑。雌鸟显著大于雄鸟。蜡膜黄绿色，嘴黑色，下嘴基部黄绿色，脚和趾黄色或黄绿色。

【栖息生境】 开阔地。

【生态习性】 白天活动，常单独在高空飞翔，秋季有时亦呈小群。主要以小型鸟类、鼠类、蛇、蛙、鱼、野兔、蜥蜴和昆虫等动物性食物为食。一般通过在空中盘旋来观察和觅找食物。营巢于高大树上，也营巢于悬岩峭壁上。

【地理分布】 留鸟广泛分布于中国各地。

【本地报告】 保护区内农田、旷野、林地、湿地可见，留鸟，常见。

【遇见月份】

1	2	3	4	5	6	7	8	9	10	11	12

黑耳鸢

凤头蜂鹰 *Pernis ptilorhyncus*

【外部形态】 体长约58cm。头顶暗褐色至黑褐色，头侧具有短而硬的鳞片状羽毛，而且较为厚密，是其独有的特征之一。头的后枕部通常具有短的黑色羽冠，显得与众不同。上体通常为黑褐色，下体为棕褐色或栗褐色，尾羽为灰色或暗褐色，具有3～5条暗色宽带斑及灰白色的波状横斑。蜡膜淡黄色，嘴黑色，脚和趾黄色。

【栖息生境】 林地。

【生态习性】 常单独活动，冬季也偶尔集成小群。飞行灵敏具特色，多为鼓翅飞翔。振翼几次后便作长时间滑翔。停息在高大乔木的树梢上或林内树下部的枝杈上。主要以黄蜂、胡蜂、蜜蜂和其他蜂类为食，也吃其他昆虫和昆虫幼虫，偶尔也吃小的蛇类、蜥蜴、蛙、鼠类、鸟、鸟卵和幼鸟等动物性食物。通常在飞行中捕食，能追捕雀类等小鸟。

【地理分布】 国内大部分地区都有分布。

【本地报告】 保护区内农田、旷野、林地可见，旅鸟，偶见。

【遇见月份】

1	2	3	4	5	6	7	8	9	10	11	12

白尾海雕 *Haliaeetus albicilla*

【外部形态】 体长约85cm。成鸟多为暗褐色；后颈和胸部羽毛为披针形，较长；头、颈羽色较淡，沙褐色或淡黄褐色；尾羽呈楔形，为纯白色。不同年龄的亚成体，羽色在深浅上和斑纹的多少上亦有所不同，特别在下体。蜡膜和嘴黄色，幼鸟为黑褐色至褐色，脚和趾黄色。

【栖息生境】 湿地。

【生态习性】 单独或成对在大的湖面和海面上空飞翔，冬季有时亦见3～5只在高空翱翔。飞翔时两翅平直，常轻轻扇动后滑翔。休息时停栖在岩石和地面上，有时也长时间停立在乔木枝头。主要以鱼为食，常在水面低空飞行，发现鱼后利用爪伸入水中抓捕。此外，也捕食鸟类和中小型哺乳动物。

【地理分布】 可能在我国东北等地有繁殖，越冬见于华中及华东的多种栖息地生境如河边、湖泊及沿海，近年新疆、北京等地有较多记录。

【本地报告】 保护区内水域和沼泽湿地可见，冬候鸟，罕见。

【遇见月份】

1	2	3	4	5	6	7	8	9	10	11	12

白腹鹞 *Circus spilonotus*

【外部形态】 体长约50cm。雄鸟头顶至上背白色，具宽阔的黑褐色纵纹。上体黑褐色，具污灰白色斑点；下体近白色，微缀皮黄色，喉和胸具黑褐色纵纹。雌鸟暗褐色，头顶至后颈皮黄白色，具锈色纵纹；飞羽暗褐色，尾羽黑褐色。幼鸟暗褐色，头顶和喉皮黄白色。腊膜暗黄色，嘴黑褐色，嘴基淡黄色，脚淡黄绿色。

【栖息生境】 湿地。

【生态习性】 白天活动，性机警而孤独，常单独或成对活动。多见在沼泽和芦苇上空低空飞行，两翅向上举成浅“V”字形，缓慢而长时间地滑翔，偶尔扇动几下翅膀。栖息时多在地上或低的土堆上。白天活动。主要以小型鸟类、啮齿类、蛙、蜥蜴、小型蛇类和大型昆虫为食，有时也在水面捕食各种小型动物。

【地理分布】 国内繁殖于中国东北，冬季南迁至长江流域以南越冬。

【本地报告】 保护区内水域和沼泽湿地可见，旅鸟，少数个体越冬，不常见。

【遇见月份】

1	2	3	4	5	6	7	8	9	10	11	12

白尾鹞 *Circus cyaneus*

【外部形态】 体长约50cm。雄鸟上体蓝灰色，头和胸较暗，翅尖黑色，尾上覆羽白色，腹、两肋白色，飞翔时，从上面看，蓝灰色的上体、白色的腰和黑色翅尖形成明显对比；从下面看，白色的下体，较暗的胸和黑色的翅尖亦形成鲜明对比。雌鸟上体暗褐色，尾上覆羽白色，下体皮黄白色或棕黄褐色，杂以粗的红褐色或暗棕褐色纵纹。蜡膜黄色，嘴黑色，基部蓝灰色，脚和趾黄色。

【栖息生境】 湿地。

【生态习性】 常沿地面低空飞行，飞行极为敏捷迅速。有时两翅上举成“V”字形，缓慢地移动，并不时地抖动两翅，滑翔时两翅微向后弯曲。有时又栖于地上不动，注视草丛中猎物的活动。主要以小型鸟类、鼠类、蛙、蜥蜴和大型昆虫等动物性食物为食。白天活动和觅食，尤以早晨和黄昏最为活跃。常沿地面低空飞行搜寻猎物，发现后急速降到地面捕食。

【地理分布】 国内分布于北部，冬季迁往南方。

【本地报告】 保护区内水域和沼泽湿地可见，旅鸟，少数个体越冬，不常见。

【遇见月份】

1	2	3	4	5	6	7	8	9	10	11	12

鹊鹞 *Circus melanoleucos*

【外部形态】 体长约42cm。雄鸟体羽黑、白及灰色；头、喉及胸部黑色而无纵纹为其特征。雌鸟上体褐色沾灰并具纵纹，腰白，尾具横斑，下体皮黄色具棕色纵纹；飞羽下面具近黑色横斑。蜡膜黄色，嘴灰黑，脚橘黄。

【栖息生境】 开阔地。

【生态习性】 常单独活动，多在林边草地和灌丛上空低空飞行，飞行时常两翅上举成“V”字形翱翔。上午和黄昏时为活动的高峰期，夜间在草丛中休息。主要以小型鸟类、鼠类、林蛙、蜥蜴、蛇、昆虫等小型动物为食。常在林缘和疏林中的灌丛、草地上低空飞翔，注视和搜寻地面的猎物，发现后则突然降下捕食。

【地理分布】 繁殖于东北，冬季南迁至东南亚。

【本地报告】 保护区内农田、旷野、林地、湿地可见，旅鸟，可能有少数个体越冬，偶见。

【遇见月份】

1	2	3	4	5	6	7	8	9	10	11	12

秃鹫 *Aegypius monachus*

【外部形态】 体长约100cm。通体黑褐色，头裸出，仅被有短的黑褐色绒羽，后颈完全裸出无羽，颈基部被有长的黑色或淡褐白色羽簇形成的翎领。腊膜铝蓝色，嘴端黑褐色，跗跖和趾灰色。

【栖息生境】 开阔地。

【生态习性】 常单独活动，偶尔也成小群，特别在食物丰富的地方。主要以大型动物的尸体为食，常在开阔而较裸露的山地和平原上空翱翔，窥视动物尸体。偶尔也沿山地低空飞行，主动攻击中小型兽类、两栖类、爬行类和鸟类。

【地理分布】 主要分布于中国西北，甘肃、新疆等地，近年繁殖季节有记录；北京、云南、辽宁、河北等地有越冬记录。

【本地报告】 保护区有历史记录，近年没有发现，旅鸟，罕见。

【遇见月份】

1	2	3	4	5	6	7	8	9	10	11	12

秃鹫

松雀鹰

松雀鹰 *Accipiter virgatus*

【外部形态】 体长约33cm。雄鸟上体黑灰色，喉白色，喉中央有一条宽阔的黑色中央纹，其余下体白色或灰白色，具褐色或棕红色斑，尾具4道暗色横斑。雌鸟个体较大，上体暗褐色，下体白色具暗褐色或赤棕褐色横斑。蜡膜黄色，嘴基部为铅蓝色，尖端黑色，脚黄色。

【栖息生境】 林地。

【生态习性】 常单独或成对在林缘和丛林边等较为空旷处活动和觅食。性机警。常站在林缘高大的枯树顶枝上，等待和偷袭过往小型鸟类，并不时发出尖利的叫声，飞行迅速，亦善于滑翔。以各种鸟类为食，也吃蜥蜴、蝗虫、蚱蜢、甲虫以及其他昆虫和小型鼠类，有时甚至捕杀中型鸟类。营巢于茂密森林中枝叶茂盛的高大树木上部，位置较高，且有枝叶隐蔽，一般难以发现。

【地理分布】 国内南方地区广泛分布。

【本地报告】 保护区内农田、旷野、林地可见，留鸟，常见。

【遇见月份】

1	2	3	4	5	6	7	8	9	10	11	12

赤腹鹰 *Accipiter soloensis*

【外部形态】 体长约33cm。雄鸟上体蓝灰，下体喉白，胸、腹棕褐，下腹白。尾灰无横斑。飞翔时，翼下白而翅端黑。雌鸟似雄性，但上体暗灰，下体胸、腹红褐，中央尾羽具暗横斑。亚成鸟上体暗褐，喉、胸具黑纵纹，腹具棕色矛状纹。蜡膜橘黄，嘴灰色、端黑，虹膜红或褐，脚橘黄。

【栖息生境】 林地。

【生态习性】 常单独或成小群活动。性善隐藏而机警，常躲藏在树叶丛中，休息时多停息在树木顶端或电线杆上。有时空中盘旋和翱翔，繁殖期则常伴有鸣叫。主要以蛙、蜥蜴等动物性食物为食，也吃小型鸟类、鼠类和昆虫。主要在地面上捕食，常站在树顶等高处，见到猎物则突然冲下捕食。营巢于林中的树丛上。

【地理分布】 繁殖于东北亚等区域，冬季南迁至东南亚等地。国内在华东地区、湖南、湖北、四川等地繁殖，南迁越冬。

【本地报告】 保护区林地可见，夏候鸟，较常见。

【遇见月份】

1	2	3	4	5	6	7	8	9	10	11	12

日本松雀鹰 *Accipiter gularis*

【外部形态】 体长约27cm。雌鸟比雄鸟体大。外形和羽色很像松雀鹰，但喉部中央的黑纹较为细窄；翅下的覆羽为白色而具有灰色横斑的斑点，而松雀鹰的腋羽为棕色而具有黑色横斑。蜡膜黄色，嘴基部为铅蓝色，尖端黑色，脚黄色。

【栖息生境】 林地。

【生态习性】 多单独活动。常见栖息于林缘高大树木的顶枝上，有时亦见在空中飞行，两翅鼓动甚快。主要以山雀、莺类等小型鸟类为食，也吃昆虫、蜥蜴、石龙子等小型爬行动物。

【地理分布】 繁殖于中国东北各省，冬季南迁至长江流域以南。

【本地报告】 保护区内农田、旷野、林地可见，旅鸟，较常见。

【遇见月份】

1	2	3	**4**	**5**	6	7	8	**9**	**10**	**11**	12

雀鹰 *Accipiter nisus*

【外部形态】 体长约32~38cm。雌较雄略大，翅阔而圆，尾较长。雄鸟上体暗灰色，雌鸟灰褐色，头后杂有少许白色。下体白色或淡灰白色，雄鸟具细密的红褐色横斑，雌鸟具褐色横斑。尾具4~5道黑褐色横斑，飞翔时翼后缘略为突出，翼下飞羽具数道黑褐色横带。蜡膜黄色或黄绿色，嘴暗铅灰色、尖端黑色、基部黄绿色，脚和趾橙黄色。

【栖息生境】 林地。

【生态习性】 常单独活动。或飞翔于空中，或栖于树上和电杆上。飞翔时先两翅快速鼓动飞翔一阵后，接着滑翔，二者交互进行。飞行有力而灵巧，能巧妙地在树丛间穿行飞翔。主要以鸟、昆虫和鼠类等为食，也捕野兔、蛇等。

【地理分布】 繁殖于中国东北各省及新疆西北部，冬季南迁。

【本地报告】 保护区内农田、旷野、林地可见，旅鸟，少数个体越冬，较常见。

【遇见月份】

1	2	3	4	5	6	7	8	9	10	11	12

苍鹰 *Accipiter gentilis*

【外部形态】体长约56cm。成鸟前额、头顶、枕和头侧黑褐色；眉纹白而具黑色羽干纹；耳羽黑色；上体到尾灰褐色；飞羽有暗褐色横斑。尾灰褐色，具3~5道黑褐色横斑。喉部有黑褐色细纹及暗褐色斑。胸、腹、两肋和覆腿羽布满较细的横纹，羽干黑褐色。雌鸟羽色与雄鸟相似，但较暗，体型较大。亚成体上体都为褐色，有不明显暗斑点。眉纹不明显；耳羽褐色；腹部淡黄褐色，有黑褐色纵行点斑。蜡膜黄绿色；嘴黑基部沾蓝；脚和趾黄色。

【栖息生境】林地、开阔地。

【生态习性】常单独活动，叫声尖锐洪亮。多隐蔽在森林中树枝间，飞行快而灵活，能在林中或上或下，或高或低穿行于树丛间。主要以鼠类、野兔、雉类、鸠鸽类和其他中小型鸟类为食物。

【地理分布】国内主要分布于东北和西南。

【本地报告】保护区内农田、旷野、林地可见，旅鸟，一些个体越冬。较常见。

【遇见月份】

1	2	3	4	5	6	7	8	9	10	11	12

灰脸鵟鹰

灰脸鵟鹰 *Butastur indicus*

【外部形态】 体长约45cm。上体暗棕褐色，翅上的覆羽棕褐；尾羽为灰褐色。脸颊和耳区为灰色，眼先和喉部均为白色，较为明显，喉部具有宽的黑褐色中央纵纹。蜡膜橙黄色，嘴黑色，嘴基橙黄，跗跖和趾黄色。

【栖息生境】 林地。

【生态习性】 常单独活动，迁徙期间可成群。白天在森林的上空盘旋，或者呈圆圈状翱翔，也在低空飞行，有时栖止于沼泽地中枯死的大树顶端和空旷地方孤立的枯树枝上，或者在地面上活动。性情较为大胆，叫声响亮。主要以小型蛇类、蛙、蜥蜴、鼠类和小型鸟类等动物性食物为食。觅食主要在早晨和黄昏。营巢于阔叶林或混交林中，也见在林缘地边的孤立树上。

【地理分布】 繁殖于东北各省的针叶林，迁徙时见于青海、长江以南及台湾。

【本地报告】 保护区内农田、旷野、林地可见，旅鸟，少数个体繁殖，较常见。

【遇见月份】

1	2	3	4	5	6	7	8	9	10	11	12

普通鵟 *Buteo buteo*

【外部形态】 体长约55cm。体色变化较大，有暗色型、淡色型和棕色型，上体主要为暗褐色，下体主要为暗褐色或淡褐色，具深棕色横斑或纵纹，尾淡灰褐色，具多道暗色横斑。蜡膜黄色，嘴深灰色，脚和趾黄色。

【栖息生境】 林地、开阔地。

【生态习性】 多单独活动，有时亦见2~4只在天空盘旋。性机警，视觉敏锐。善飞翔，每天大部分时间都在空中盘旋滑翔，宽阔的两翅左右伸开，并稍向上抬起成浅"V"字形，短而圆的尾成扇形展开。以鼠类为主要食物，也吃蛙、蜥蜴、蛇、野兔、小型鸟类和大型昆虫等动物性食物，有时亦到村庄捕食鸡等家禽。

【地理分布】 繁殖于东北各省的针叶林，冬季南迁。

【本地报告】 保护区内农田、旷野、林地、湿地可见，冬候鸟。分布广，数量较多，常见。

【遇见月份】

1	2	3	4	5	6	7	8	9	10	11	12

普通鵟

大鵟 *Buteo hemilasius*

【外部形态】 体长约70cm。体色变化较大，分暗型、淡型两种色型。淡色型较为常见，头顶和后颈白色，各羽贯以褐色纵纹。头侧白色；有褐色髭纹，上体淡褐色，有3~9条暗色横斑，羽干白色；下体大都棕白色；跗跖前面通常被羽。腊膜绿黄色，嘴黑褐色，跗跖和趾黄褐色。

【栖息生境】 林地、开阔地。

【生态习性】 常单独或小群活动，飞翔时两翼鼓动较慢，常在空中作圈状翱翔。性凶猛、也十分机警，休息时多栖息地上、岩石顶上或树林突出物上。主要以啮齿动物，蛙、蜥蜴、野兔、蛇、鸟类、昆虫等动物性食物为食。

【地理分布】 繁殖于我国北部和东北部、青藏高原东部及南部的部分地区。冬季北方鸟南迁至华中及华东。

【本地报告】 保护区内农田、旷野、林地、湿地可见，冬候鸟。偶见。

【遇见月份】

1	**2**	3	4	5	6	7	8	9	10	**11**	**12**

毛脚鵟 *Buteo lagopus*

【外部形态】 体长约54cm。前额、头顶直到后枕均为乳白色或白色，缀黑褐色羽干纹。上体呈暗褐色，下背和肩部常缀近白色的不规则横带。尾部覆羽常有白色横斑。蜡膜黄色，嘴深灰色，脚和趾黄色。

【栖息生境】 林地、开阔地。

【生态习性】 多单独活动，喜在开阔的原野和农田地上空翱翔，宽阔的两翅左右伸开，并稍向上抬起成浅“V”字形，短而圆的尾成扇形展开。有时亦长时间站立在电线杆或树梢上，窥视地面上猎物的活动。主要以田鼠等小型啮齿类动物和小型鸟类为食，也捕食野兔、雉鸡、石鸡等较大的动物，捕食方式除在开阔地低空飞翔盘旋觅找和捕猎食物外，也常由站立处突然出击。叫声似普通鵟，但更强而有力。

【地理分布】 繁殖于北方，迁徙时经过江苏。

【本地报告】 保护区内农田、旷野、林地、湿地可见，冬候鸟，罕见。

【遇见月份】

毛脚鵟

乌雕

乌雕 *Aquila clanga*

【外部形态】 体长约70cm。通体为暗褐色，背部略微缀有紫色光泽，颏部、喉部和胸部为黑褐色，其余下体稍淡。尾羽短而圆，基部有一个“V”字形白斑和白色的端斑。蜡膜黄色，嘴黑色，基部较浅淡，趾黄色。

【栖息生境】 湿地。

【生态习性】 性情孤独，常长时间地站立于树梢上，多在飞翔中或伏于地面捕食，有时在林缘和森林上空盘旋。叫声低而清晰。主要以野兔、鼠类、野鸭、蛙、蜥蜴、鱼和小型鸟类等动物为食，有时也吃动物尸体和大的昆虫。

【地理分布】 繁殖于我国北方，越冬或迁徙经南方。

【本地报告】 保护区内水域与沼泽湿地可见，旅鸟，罕见。

【遇见月份】

1	2	3	4	5	6	7	8	9	10	11	12

金雕 *Aquila chrysaetos*

金雕

【外部形态】体长约85cm。头顶黑褐色，后头至后颈羽毛尖长，呈柳叶状，羽基暗赤褐色，羽端金黄色，具黑褐色羽干纹。上体暗褐色；尾羽灰褐色，具不规则的暗灰褐色横斑或斑纹，和一宽阔的黑褐色端斑。下体黑褐色。幼鸟体色更暗，第一年幼鸟尾羽白色，具宽的黑色端斑，翼下有白斑；第二年以后，尾部白色和翼下白斑均逐渐减少。蜡膜黄色，嘴端部黑色，基部蓝褐色或蓝灰色，趾黄色。

【栖息生境】林地。

【生态习性】通常单独或成对活动，冬天有时会结成较小的群体。善于翱翔和滑翔，常在高空中一边呈直线或圆圈状盘旋，一边俯视地面寻找猎物，两翅上举“V”状。主要以小型兽类和鸟类为食。

【地理分布】见于我国大部分山区及喜马拉雅山脉高海拔处。

【本地报告】保护区有历史记录，近年没有发现，迷鸟。

【遇见月份】

1	2	3	4	5	6	7	8	9	10	11	12

白肩雕 *Aquila heliaca*

【外部形态】体长约75cm。前额至头顶黑褐色，头顶后部、枕、后颈和头侧棕褐色，上体至背、腰和尾上覆羽均为黑褐色，微缀紫色光泽，长形肩羽纯白色，形成显著的白色肩斑；尾羽灰褐色，具不规则的黑褐色横斑和斑纹，并具宽阔的黑色端斑。下体黑褐色。蜡膜黄色，嘴黑褐色，嘴基铅蓝灰色，趾黄色。

【栖息生境】湿地、开阔地。

【生态习性】常单独活动。或翱翔于空中，或长时间停息于空旷地区的孤立树上或岩石和地面上。主要以啮齿类、野兔等中小型哺乳动物和鸟类为食，也吃爬行类和动物尸体。觅食活动主要在白天，多在河谷、沼泽、草地和林间空地等开阔地方觅食。

【地理分布】繁殖于新疆西北部天山地区。有时迁徙时见于东北部沿海省份，越冬于青海湖的周围、云南西北部、甘肃、陕西、长江中游及福建和广东。

【本地报告】保护区有历史记录，近年没有发现，冬候鸟，罕见。

【遇见月份】

1	2	3	4	5	6	7	8	9	10	11	12

白肩雕

隼科 Falconidae

黄爪隼 *Falco naumanni*

【外部形态】 体长约30cm。雄鸟头、颈和翅上覆羽铅灰色；尾羽淡蓝色，具宽阔黑色次端斑和近白色端斑。雌鸟下体具宽阔纵纹和狭窄纵斑。嘴蓝灰色；跗跖和趾淡黄色。

【栖息生境】 开阔地。

【生态习性】 性情活跃，大胆而嘈杂，多成对和成小群活动。常在空中飞行，并频繁地进行滑翔。叫声尖锐。主要以蝗虫、蚱蜢、甲虫、蟋蟀、叩头虫、金龟子等大型昆虫为食，也吃啮齿动物、蜥蜴、蛙、小型鸟类等脊椎动物。通常在空中捕食昆虫，有时也在地上捕食。

【地理分布】 繁殖于新疆北部及西部、宁夏、甘肃、山西、北京。越冬往南。

【本地报告】 保护区有历史记录，近年没有发现，旅鸟，罕见。

【遇见月份】

1	2	3	4	5	6	7	8	9	10	11	12

黄爪隼

游隼

游隼 *Falco peregrine*

【外部形态】 体长约45cm。头顶、后颈、背、肩蓝灰色，腰和尾上覆羽亦为蓝灰色，但稍浅；尾暗蓝灰色；飞羽黑褐色；脸颊部和宽阔而下垂的髭纹黑褐色。喉和髭纹前后白色，其余下体白色或皮黄白色，上胸和颈侧具细的黑褐色羽干纹，其余下体具黑褐色横斑。蜡膜黄色，嘴铅蓝灰色，嘴基部黄色，嘴尖黑色，脚和趾橙黄色，爪黄色。

【栖息生境】 开阔地。

【生态习性】 多单独活动，叫声尖锐。通常在快速鼓翼飞翔时伴随着一阵滑翔；也喜欢在空中翱翔。主要捕食野鸭、鸥、鸠鸽类、乌鸦和鸡类等中小型鸟类，偶尔也捕食鼠类和野兔等小型哺乳动物。性情凶猛。

【地理分布】 迁徙经我国东北及华东，越冬于我国南方。

【本地报告】 保护区内农田、旷野、林地、湿地可见，旅鸟，少数个体越冬，不常见。

【遇见月份】

1	2	3	4	5	6	7	8	9	10	11	12

隼科 Falconidae

红隼 *Falco tinnunculus*

【外部形态】 体长约33cm。雄鸟头部蓝灰色；背、肩和翅上覆羽砖红色，具近似三角形的黑色斑点；尾蓝灰色，具宽阔的黑色次端斑和窄的白色端斑。眼下有一宽的黑色纵纹。雌鸟上体棕红色，尾亦为棕红色；脸颊部和眼下口角髭纹黑褐色。蜡膜黄色，嘴蓝灰色，先端黑色，基部黄色，脚、趾深黄色。

【栖息生境】 开阔地。

【生态习性】 平常喜欢单独活动，尤以傍晚时最为活跃。飞翔力强，可快速振翅停于空中。视力敏捷，取食迅速，见地面有猎物时便迅速俯冲捕捉，也可在空中捕捉小型鸟类和蜻蜓等。秋季迁徙时常集成小群。以鼠类、雀形目鸟类、蛙、蜥蜴、松鼠、蛇等小型脊椎动物为食，也吃蝗虫、蚱蜢、蟋蟀等昆虫。通常营巢于悬崖、山坡岩石缝隙、土洞、树洞，或喜鹊、乌鸦以及其他鸟类在树上的旧巢中。

【地理分布】 国内广泛分布，北方繁殖的个体冬季南迁。

【本地报告】 保护区内农田、旷野、林地可见，留鸟，常见。

【遇见月份】 1 2 3 4 5 6 7 8 9 10 11 12

阿穆尔隼 *Falco amurensis*

【外部形态】 体长约31cm。雄鸟上体灰色，翼下覆羽白色，腿、腹部及肛周棕色。雌鸟额白，头顶灰色具黑色纵纹；背及尾灰，尾具黑色横斑；喉白，眼下具偏黑色线条；下体乳白，胸具醒目的黑色纵纹，腹部具黑色横斑；翼下白色并具黑色点斑及横斑。蜡膜红色，嘴灰色，脚红色。

【栖息生境】 开阔地。

【生态习性】 多单独或成对活动，飞翔时两翅快速扇动，间或滑翔，也能通过两翅的快扇在空中作短暂的停留。主要以蝗虫、蚱蜢、蝼蛄、蠡斯、金龟子、蟋蟀、叩头虫等昆虫为食，有时也捕食小型鸟类、蜥蜴、石龙子、蛙、鼠类等小型脊椎动物。

【地理分布】 繁殖于西伯利亚至朝鲜北部、中国东北、中部地区，越冬南迁。

【本地报告】 保护区内农田、旷野、林地可见，旅鸟，少数个体越冬，较常见。

【遇见月份】 1 2 3 4 5 6 7 8 9 10 11 12

灰背隼 *Falco columbarius*

【外部形态】 体长约30cm。前额、眼先、眉纹、头侧、颊和耳羽均为污白色，微缀皮黄色。上体的颜色比其他隼类浅淡，尤其是雄鸟，呈淡蓝灰色，具黑色羽轴纹。尾羽上具有宽阔的黑色次端斑和较窄的白色端斑。后颈为蓝灰色，具棕褐色的领圈，并杂有黑斑，是其独有的特点。颏部、喉部为白色，其余的下体为淡棕色，具有显著的棕褐色羽干纹。蜡膜黄色，脚和趾橙黄色。

【栖息生境】 开阔地。

【生态习性】 常单独活动，叫声尖锐。多在低空飞翔，在快速的鼓翼飞翔之后，偶尔进行短暂的滑翔，发现食物则立即俯冲下来捕食。休息时在地面上或树上。主要以小型鸟类、鼠类和昆虫等为食，也吃蜥蜴、蛙和小型蛇类。主要在空中飞行捕食，常追捕鸽子，所以俗称为“鸽子鹰”，有时也在地面上捕食。

【地理分布】 繁殖于广大的北方地区，越冬南迁经东北、华北等地。

【本地报告】 保护区内农田、旷野、林地、湿地可见，旅鸟，少数个体越冬，不常见。

【遇见月份】

1	2	3	4	5	6	7	8	9	10	11	12

燕隼 *Falco subbuteo*

【外部形态】 体长约30cm。上体暗蓝灰色，具细的白色眉纹，颊部有垂直向下的黑色髭纹，颈侧、喉部、胸部和腹部均为白色，胸和腹有黑色的纵纹，下腹部至尾下覆羽和覆腿羽为棕栗色。尾羽灰色或石板褐色。飞翔时翅膀狭长而尖，翼下白色，密布黑褐色的横斑。翅膀折合时，翅尖几乎到达尾羽的端部，看上去很像燕子，因而得名。蜡膜黄色，嘴蓝灰色，尖端黑色，脚、趾黄色。

【栖息生境】 开阔地。

【生态习性】 常单独或成对活动，飞行快速而敏捷，在短暂的鼓翼飞翔后又接着滑翔，并能在空中作短暂停留。停息时大多在高大的树上或电线杆的顶上。主要以麻雀、山雀等雀形目小鸟为食，偶尔捕捉蝙蝠，大量地捕食蜻蜓、蟋蟀、蝗虫、天牛、金龟子等昆虫。营巢于疏林或林缘和田间的高大乔木树上，通常自己很少营巢，而是侵占乌鸦和喜鹊的巢。

【地理分布】 国内夏季见于长江流域以南地区，越冬南迁；有时在广东及台湾越冬。

【本地报告】 保护区内农田、旷野、林地可见，夏候鸟，较常见。

【遇见月份】

1	2	3	4	5	6	7	8	9	10	11	12

隼科 Falconidae

白腿小隼 *Microhierax melanoleucus*

【遇见月份】

1	2	3	4	5	6	7	8	9	10	11	12

【外部形态】 体长约15cm。头部、上体、两翅蓝黑色，前额有一条白色的细线，沿眼先往眼上与白色眉纹汇合，再往后延伸与颈部前侧的白色下体相汇合，颊部、颏部、喉部和整个下体为白色。尾羽黑色，外侧尾羽的内缘具有白色的横斑。嘴暗石板蓝色或黑色，脚和趾暗褐色或黑色。

【栖息生境】 林地、开阔地。

【生态习性】 常成群或单个栖息在山坡高大的乔木树冠顶枝上。主要以昆虫、小型鸟类和鼠类等为食，常栖息在高大树木上或成圈地在空中飞翔寻觅食物。

【地理分布】 国内江苏、安徽、江西、福建、广东、广西、云南有分布。近年主要在云南广南、勐腊和江西婺源有记录。

【本地报告】 保护区有历史记录，近年没有发现，居留不明，罕见。

草原雕 *Aquila nipalensis* 鹰科

【外部形态】 体长约65cm。体色变化较大。体羽以褐色为主，上体土褐色，头顶较暗浓。飞羽黑褐色，杂以较暗的横斑；下体暗土褐色，胸、上腹及两肋杂以棕色纵纹；尾下覆淡棕色，杂以褐斑。幼鸟体色较淡，翼下具白色横纹，尾黑，尾端的白色及翼后缘的白色带与黑色飞羽成对比。翼上具两道皮黄色横纹，尾上覆羽具“V”字形皮黄色斑。蜡膜暗黄色，嘴黑褐色，趾黄色。

【栖息生境】 湿地、开阔地。

【生态习性】 白天活动，或长时间地栖息于电线杆上、孤立的树上和地面上，或翱翔于草原和荒地上空。主要以鼠类、野兔、蜥蜴、蛇和鸟类等小型脊椎动物和昆虫为食，有时也吃动物尸体。

【地理分布】 常见于北方干旱的平原，迁徙时见于我国多数地区。

【本地报告】 保护区有历史记录，近年没有发现，旅鸟，罕见。

【遇见月份】

1	2	3	4	5	6	7	8	9	10	11	12

草原鹞 *Circus macrourus* 鹰科

【外部形态】 体长约46cm。雄鸟眼先、额和颊侧白色，头顶、背和覆羽石板灰色；尾羽有明显的灰白色横斑。颏、喉和上胸银灰色，余部白色。雌鸟较雄鸟稍大，上体褐色沾灰，具不显的暗棕色羽缘；头至后颈淡黄褐色，尾羽端缘黄褐色；翅黑褐色。下体颏和胸部皮黄白色，具褐色羽干纵纹且较宽阔。嘴黑褐色，蜡膜暗黄色；脚土黄。

【栖息生境】 草地。

【生态习性】 常在空中飞翔，向地面接近时，头向下左右环视，见到猎物便俯冲下去捕捉，在地面撕食。主要以鼠类为食，也吃鸟类如百灵、鹨类，以及蛙、蜥蜴和昆虫等。

【地理分布】 国内分布于新疆、河北、江西、江苏、西藏南部、广西和海南。

【本地报告】 保护区有历史记录，近年没有发现，有待进一步确认。迷鸟。

【遇见月份】

1	2	3	4	5	6	7	8	9	10	11	12

鸡形目
GALLIFORMES

本目鸟类统称鹑鸡类。嘴短壮略拱曲，后肢强壮，善于在地面行走，通常后趾较小而略高起，爪钝而稍曲。大多群居生活，栖息于森林、山地、农田、草地等。多为留鸟。杂食性，以植物性食物为主。

保护区分布有1科2种。

日本鹌鹑

日本鹌鹑 *Coturnix japonica*

【外部形态】体长约20cm。上体具褐色与黑色横斑及皮黄色矛状长条纹。下体皮黄色，胸及两肋具黑色条纹。头具条纹及近白色的长眉纹。

【栖息生境】开阔农田地。

【生态习性】除繁殖期成对活动外，常成小群。多隐匿在灌丛和草丛中，很少起飞，常常走至跟前时才突然从脚下冲出而且飞不多远又落入草丛中。飞时两翅扇动较快，飞行直而迅速，常贴地面低空飞行。主要以植物嫩枝、嫩叶、嫩芽、浆果、种子、草籽等植物性食物为食，也吃谷粒、豆类等农作物和昆虫、昆虫幼虫等小型无脊椎动物。

【地理分布】繁殖于东北各省，河北、山东及甘肃东部地区，并可能繁殖于我国西南部及南部。

【本地报告】保护区内农田、旷野、林地、湿地可见，冬候鸟，常见。

【遇见月份】

1	2	3	4	5	6	7	8	9	10	11	12

雉鸡 *Phasianus colchicus* 【环颈雉】

【外部形态】体长约60~85cm。体形较家鸡略小，但尾巴却长很多。雄鸟羽色华丽，颈部有白色颈圈，与金属绿色的颈部形成显著对比；尾羽长而有横斑。雌鸟的羽色暗淡，大都为褐和棕黄色，而杂以黑斑；尾羽也较短。

【栖息生境】开阔林地、灌木林及农田地。

【生态习性】善于在灌丛中奔走，也善于藏匿。飞行速度较快，但不持久，常成抛物线式飞行，落地前滑翔。落地后又急速在灌丛和草丛中奔跑窜行和藏匿，轻易不再起飞。杂食性，所吃食物随地区和季节而不同，包括植物的果实、种子、芽和草籽、昆虫等。营巢于草丛、芦苇丛或灌丛中地上，也在隐蔽的树根旁或麦地里营巢。

【地理分布】广泛分布于我国大部分地区。

【本地报告】保护区内农田、旷野、林地、湿地可见，留鸟，常见。

【遇见月份】

1	2	3	4	5	6	7	8	9	10	11	12

雉鸡（环颈雉）

三趾鹑目
TURNICIFORMES

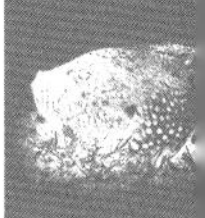

本目鸟类体型似鹌鹑，喙似鸡类而稍细。足仅具3趾，后趾缺失。栖息于农田、草地、灌丛，隐蔽性强。

保护区分布有1科1种。

三趾鹑科 Turnicidae

黄脚三趾鹑 *Turnix tanki*

【外部形态】体长约16cm。外形似鹌鹑，但较小。背、肩、腰和尾上覆羽灰褐色，具黑色和棕色细小斑纹；尾亦为灰褐色，甚短小。雌鸟和雄鸟相似，但体型较大，体色亦较雄鸟鲜艳，下颈和颈侧具棕栗色块斑，下体羽色亦稍深。嘴黄色，嘴端黑色，脚黄色。

【栖息生境】灌木林、湿草地及稻茬地等。

【生态习性】常单独或成对活动，很少成群。性胆怯，善于藏匿，在灌丛下或草丛中潜行。善奔走。很少起飞，受惊吓时迅速进入草丛。被惊出时飞得也很低，飞行迅速，飞不多远即又落入草丛。主要以植物嫩芽、浆果、草籽、谷粒、昆虫和其他小型无脊椎动物为食。

【地理分布】中国大部分地区，北方种群冬季南迁。

【本地报告】保护区内农田、旷野、林地、湿地可见，夏候鸟，较常见。

【遇见月份】

1	2	3	4	5	**6**	**7**	**8**	**9**	10	11	12

鹤形目
GRUIFORMES

本目包括3个类群，分别是鹤类、秧鸡类和鸨类。鹤类是典型的大型涉禽，具有“三长”的特点，后趾小而高起，主要栖息在沼泽湿地生境中，以植物种实和小型动物为食。秧鸡类是中小型涉禽，一般比较隐蔽，多在植被丛茂密的湿地区域活动，以种子及小动物为食。鸨类是大型草原鸟类，善走，以植物果实、种子及小型动物为食物。

保护区分布有共3科15种。

白鹤 *Grus leucogeranus*

【外部形态】 体长约135cm。头顶和脸裸露无羽、鲜红色，体羽白色，初级飞羽黑色，次级飞羽和三级飞羽白色，三级飞羽延长成镰刀状，覆盖于尾上，盖住了黑色初级飞羽，因此站立时通体白色，仅飞翔时可见黑色初级飞羽。

【栖息生境】 低水位的湖泊湿地。

【生态习性】 常单独、成对或成家族群活动，迁徙季节和冬季则常常集成数十只、甚至上百只的大群，特别是在迁徙中途停息站和越冬地常集成大群。在富有植物的水边浅水处觅食。飞行时成“一”字或“人”字队形。主要以苦草、眼子菜、苔草、荸荠等植物的茎和块根为食，也吃水生植物的叶、嫩芽和少量蚌、螺、昆虫及甲壳动物等动物性食物。

【地理分布】 见于我国主要是迁徙途经和越冬。南迁进入东北，沿辽河、北戴河，经山东、河南到达安徽升金湖、江西鄱阳湖、湖南东洞庭湖一带越冬。

【本地报告】 保护区内水域及沼泽湿地可见，旅鸟，少数可能越冬，罕见。

【遇见月份】

1	2	3	4	5	6	7	8	9	10	11	12

沙丘鹤 *Grus canadensis*

【外部形态】 体长约104cm。通体均为灰色而缀有褐色，下体稍淡。前额、眼先和头顶的前部都有裸露的皮肤，呈鲜红色。颏部和喉部为白色。

【栖息生境】 沿海湿地。

【生态习性】 常成家族群活动，性机警而胆小，多藏匿在灌木和较高的草丛中，仅将头部和颈部伸出灌丛或草丛的上面。主要以各种灌木和草本植物的叶、芽、草籽和谷粒等为食，也吃部分昆虫。

【地理分布】 繁殖于北美洲及西伯利亚东部，偶见于中国东部。

【本地报告】 保护区11月有过多次记录，但数量少。可能是迷鸟，罕见。

【遇见月份】 1 2 3 4 5 6 7 8 9 10 **11** **12**

沙丘鹤

白枕鹤

白枕鹤 *Grus vipio*

【外部形态】 体高约150cm。前额、头顶前部、眼先、头侧以及眼周皮肤裸出，均为鲜红色，其上着生有稀疏的黑色绒毛状羽。头顶的后部、枕部、后颈白色，上体为石板灰色。胸腹石板灰色。

【栖息生境】 湖泊、河流、沿海湿地及农耕地。

【生态习性】 除繁殖期成对活动外，多成家族群或小群活动，迁徙和越冬期间则可组成大群。行动机警。主要以植物种子、草根、嫩叶、嫩芽、谷粒、鱼、蛙、蜥蜴、蝌蚪、虾、软体动物和昆虫等为食。

【地理分布】 于我国东北及西北的沼泽地及多芦苇的湖岸边繁殖。冬季南迁至长江下游的湖泊及河岸滩地，迷鸟至台湾及福建。

【本地报告】 保护区12月有过记录，旅鸟，少数个体越冬，罕见。

【遇见月份】 **1** 2 3 4 5 6 7 8 9 10 11 **12**

鹤科 Gruidae

灰鹤 *Grus grus*

【外部形态】 体高约125cm。全身羽毛大都灰色，头顶裸出皮肤鲜红色，眼后至颈侧有一灰白色纵带。身体其余部分为石板灰色，在背、腰灰色较深，胸、翅灰色较淡。

【栖息生境】 沿海湿地、农耕地。

【生态习性】 除繁殖期外，常成5~10余只的小群活动，迁徙期间有时集群多达40~50只，在冬天越冬地集群个体多达数百至上千只。性机警。杂食性，但以植物为主，包括根、茎、叶、果实和种子，喜食芦苇的根和叶，夏季也吃小型无脊椎动物。

【地理分布】 繁殖于中国的东北及西北，冬季南迁至南部。

【本地报告】 保护区农田、旷野、湿地可见，冬候鸟。近年种群数量较大，常见。

【遇见月份】 1 2 3 4 5 6 7 8 9 10 11 12

灰鹤

白头

白头鹤 *Grus monacha*

【外部形态】 体高约97cm。通体大都呈石板灰色，眼先和额部密被黑色的刚毛，头顶上的皮肤裸露无羽，呈鲜艳的红色，其余头部和颈的上部为白色。翅灰黑色，次级和三级飞羽延长，弯曲成弓状，覆盖于尾羽上，羽枝松散，似毛发状。

【栖息生境】 湖泊、河流、沿海湿地。

【生态习性】 常成对或成家族群活动，也见单独活动，常边走边在泥地上挖掘觅食。冬季也常到栖息地附近的农田活动和觅食。性情机警。主要以甲壳类、小鱼、软体动物、多足类昆虫和幼虫为食，也吃苔草、苗蓼、眼子菜等植物嫩叶、块根等植物性食物和小麦、稻谷等农作物。

【地理分布】 繁殖于西伯利亚北部及中国东北，在日本南部及中国东部越冬。

【本地报告】 保护区内水域、沼泽湿地可见，旅鸟，少数个体越冬，较常见。

【遇见月份】 1 2 3 4 5 6 7 8 9 10 11 12

丹顶鹤 *Grus japonensis*

【外部形态】 体高约150cm。全身近纯白色，头顶裸露无羽、呈朱红色，额和眼先微具黑羽，眼后方耳羽至枕白色，颊、喉和颈黑色；次级飞羽和三级飞羽黑色，三级飞羽长而弯曲，呈弓状，覆盖于尾上，因此，站立时尾部黑色，实际是三级飞羽，而尾、初级飞羽和整个体羽全为白色，飞翔时极明显。

【栖息生境】 沿海、湖泊、河流湿地。

【生态习性】 常成对或成家族群和小群活动。迁徙季节和冬季，常由数个或数十个家族群结成较大的群体。有时集群多达40~50只，甚至100多只。食物很杂，主要有鱼、虾、水生昆虫、蝌蚪、沙蚕、蛤蜊、钉螺以及水生植物的茎、叶、块根、球茎和果实等等。

【地理分布】 主要繁殖于黑龙江扎龙、三江平原东北部，吉林向海、辽宁辽河三角洲区域。迁徙时途经河北北戴河，山东黄河三角洲等地。

【本地报告】 保护区水域、沼泽湿地、农田可见，最重要的野生种群越冬地，冬候鸟。越冬种群数量达数百只，冬季常见。

【遇见月份】

1	2	3	4	5	6	7	8	9	10	11	12

秧鸡科 Rallidae

普通秧鸡 *Rallus aquaticus*

【遇见月份】

1	2	3	4	5	6	7	8	9	10	11	12

【外部形态】 体长约29cm。上体多纵纹，头顶褐色，脸灰，眉纹浅灰而眼线深灰。颏白，颈及胸灰色，两胁具黑白色横斑。嘴几近红色，脚褐色。

【栖息生境】 水边植被茂密处、稻田等。

【生态习性】 常单独行动，性畏人，见人迅速逃匿。能在茂密的草丛中快速奔跑，也善游泳和潜水。飞行时紧贴地面，两脚悬垂于身体下面，飞不多远又落入草丛中。杂食性，动物性食物有小鱼、甲壳类、蚯蚓、蚂蟥、软体动物、虾、蜘蛛、昆虫及其幼虫，植物性食物有嫩枝、根、种子、浆果和果实，秋冬季节吃的植物性食物比例较大。

【地理分布】 繁殖于我国东北，南迁至我国东南及台湾越冬。

【本地报告】 保护区内水域、沼泽湿地可见，旅鸟，少数个体越冬，较为常见。

普通秧鸡

白胸苦恶鸟 *Amaurornis phoenicurus*

【外部形态】 体长约33cm。上体暗石板灰色，两颊、喉以至胸、腹均为白色，与上体形成黑白分明的对照。下腹和尾下覆羽栗红色。嘴黄绿色，上嘴基部橙红色。腿、脚黄褐色。

【栖息生境】 池塘、稻田等水边植被茂密处。

【生态习性】 常单独或成对活动，偶尔集成小群。多在清晨、黄昏和夜间活动，常伴随着清脆的鸣叫。善行走，有时也在水中游泳。杂食性，动物性食物有昆虫及其幼虫、蜗牛、螺、鼠、蠕虫、蜘蛛、小鱼等；也吃草籽和水生植物的嫩茎和根。

【地理分布】 广泛分布于东南亚、南亚及国内南方地区。繁殖在中国长江流域以南的低地。

【本地报告】 保护区内水域、沼泽湿地可见，夏候鸟，常见。

【遇见月份】

1	2	3	4	5	6	7	8	9	10	11	12

白胸苦恶鸟

小田鸡 *Porzana pusilla*

【外部形态】 体长约18cm。雄鸟头顶及上体红褐，具黑色中央纵纹，背部具白色纵纹，两肋及尾下具白色细横纹；胸及脸灰色。雌鸟色暗，耳羽褐色。嘴、跗跖和脚黄绿色。

【栖息生境】 湖泊边缘湿地。

【生态习性】 常单独活动，清晨和傍晚到夜间最活跃。性胆怯，善隐蔽，受惊即迅速窜入植物中，或突然起飞，但飞不高且很快落下。能在地上草丛中穿行，也能在水面植物上敏捷而快速地奔跑，很少游泳和潜水。杂食性，大部分为水生昆虫及其幼虫，也吃环节动物、软体动物、甲壳类、小鱼以及植物种子。

【地理分布】 繁殖于中国东北、河北、陕西、河南及新疆等地区，迁徙时经我国大多数地区。

【本地报告】 保护区内水域、沼泽湿地可见，旅鸟，不常见。

【遇见月份】

1	2	3	4	**5**	**6**	7	8	9	10	11	12

秧鸡科 Rallidae

红胸田鸡 *Porzana fusca*

【外部形态】 体长约20cm。成鸟两性相似。上体深褐色或暗橄榄褐色，颏、喉白色；胸和上腹红栗色，下腹和两肋灰褐色、具白色横斑。脚红色。

【栖息生境】 芦苇、稻田等水边湿地。

【生态习性】 常在清晨、傍晚和夜间活动，白天多隐藏在灌丛与草丛中。性胆小，善奔跑和藏匿。飞行快而直，多紧贴水面或地面，但通常飞不多远又落入草丛和芦苇丛中，飞行时两脚悬垂。善游泳。杂食性，以软体动物、水生昆虫及其幼虫、水生植物的嫩枝和种子等为食。营巢于水边草丛、灌丛、稻田田埂上。

【地理分布】 广泛分布于南亚、东南亚地区，国内分布于自东北南部、河北，西抵四川、云南以东广大地区及台湾。

【本地报告】 保护区茂密芦苇丛、湿地草丛中可能有分布，较难见到，夏候鸟，罕见。

【遇见月份】 6

1	2	3	4	5	**6**	7	8	9	10	11	12

董鸡 *Gallicrex cinerea*

【遇见月份】 5、6、9

1	2	3	4	**5**	**6**	7	8	**9**	10	11	12

【外部形态】 体长约40cm。雄鸟头顶有像鸡冠样的红色额甲，其后端突起游离呈尖形，全体灰黑色，下体较浅。雌鸟体较小，额甲不突起，上体灰褐色。非繁殖期雌雄羽色相似。

【栖息生境】 植被密集的浅水区域、稻田等。

【生态习性】 性机警，常单独或成对活动。白天通常藏匿在水稻田或水草丛中，晚上活动。有时白天也上到田埂或苇塘边空旷地上活动，见人立刻隐入植物丛中。善行走，常在浅水中涉水取食，行走时尾翘起，一步一点头。一般不轻易起飞，被迫起飞后不远又落入草丛藏匿。有时也在水面游泳。主要吃种子和植物的嫩枝、水稻，也吃蠕虫和软体动物、水生昆虫及其幼虫等。于芦苇丛、水草丛或稻田中，用芦苇、杂草或稻叶筑巢。

【地理分布】 广泛分布南亚、东南亚地区，国内华东、华中、华南、西南、海南及台湾的夏季繁殖鸟，冬季南迁。

【本地报告】 保护区茂密芦苇丛、湿地草丛中可能有分布，夏候鸟，罕见。

黑水鸡

黑水鸡

黑水鸡 *Gallinula chloropus*

【外部形态】 体长约31cm。两性相似，雌鸟稍小。嘴黄色，嘴基与额甲红色，端部圆形。通体黑褐色，两肋具宽阔的白色纵纹，尾下覆羽两侧亦为白色，中间黑色，黑白分明。脚黄绿色，脚上部有一鲜红色环带。

【栖息生境】 湖泊、河流、池塘等。

【生态习性】 常成对或成小群活动。善游泳和潜水于临近芦苇和水草边的开阔深水面上，遇人立刻游进苇丛或草丛，除非在危急情况下一般不起飞。主要吃水生植物嫩叶、幼芽、根茎以及水生昆虫、蠕虫、蜘蛛、蜗牛和昆虫幼虫等食物，以动物性食物为主。营巢于水边浅水处芦苇丛中或水草丛中。

【地理分布】 见于国内大部分地区，包括华东、华南、西南等地区。

【本地报告】 保护区内水域、沼泽湿地、农田可见，留鸟，十分常见。

【遇见月份】

1	2	3	4	5	6	7	8	9	10	11	12

白骨顶 *Fulica atra*【骨顶鸡】

【外部形态】 体长约40cm。两性相似。头和颈纯黑、辉亮，头具白色额甲，端部钝圆，雌鸟额甲较小。上体余部及两翅石板灰黑色，向体后渐沾褐色，内侧飞羽羽端白色，形成明显的白色翼斑。下体浅石板灰黑色。趾间具瓣蹼。

【栖息生境】 湖泊、河流、池塘等。

【生态习性】 除繁殖期外，常成群活动，迁徙季节常成数十只、甚至上百只的大群，亦和其他鸭类混群栖息和活动。喜游泳和潜水穿梭在稀疏的芦苇丛间或在紧靠芦苇和水草边的开阔水面上，遇人时或是潜入水中，或是进入旁边的芦苇丛和水草丛中躲避。主要吃小鱼、虾、水生昆虫、水生植物嫩叶、幼芽、果实和其他各种灌木浆果与种子等。

【地理分布】 我国北方湖泊及河流常见繁殖鸟，冬季大量迁至长江流域以南越冬。

【本地报告】 保护区内水域、沼泽湿地可见，冬候鸟，可能有少数个体繁殖，常见。

【遇见月份】

1	2	3	4	5	6	7	8	9	10	11	12

白骨顶

鸨科 Otididae

大鸨 *Otis tarda*

【外部形态】 体长约100cm。两性羽色相似，雌鸟较小。嘴短，头长、基部宽大于高。雄鸟喉部两侧有刚毛状的须状羽，头、颈及前胸灰色，其余下体栗棕色，密布宽阔的黑色横斑。雌、雄鸟的两翅覆羽均为白色，在翅上形成大的白斑，飞翔时十分明显。嘴铅灰色，端部黑色；跗跖和趾褐色。

【栖息生境】 开阔草地、农田地。

【生态习性】 机警，很难靠近，善奔走。一年中的大部分时间集群活动，形成由同性别和同年龄个体组成的群体。食物很杂，主要吃植物的嫩叶、嫩芽、嫩草、种子以及昆虫、蛙等动物性食物，有时也在农田中取食散落在地的谷粒等。

【地理分布】 夏季分布于黑龙江、吉林、内蒙古、河北。冬季见于黑龙江、吉林、河北、内蒙古、陕西、河南、山东、江苏、江西、湖北、湖南。

【本地报告】 保护区有历史记录，近年没有发现，冬候鸟，罕见。

【遇见月份】

1	2	3	4	5	6	7	8	9	10	11	12

大鸨

花田鸡 *Coturnicops exquisitus* 秧鸡科

【外部形态】 体长约13cm，国内秧鸡中体型最小。上体呈褐色，具有黑色纵纹及白色的细小横斑。颏部、喉部及腹部为白色。胸部呈黄褐色，两肋及尾下缀有深褐色及白色的宽横斑，尾部短而上翘。嘴暗黄色，脚黄色。

【栖息生境】 植被密集的湿地。

【生态习性】 常在早晨和傍晚到开阔的草地上活动，也在河边或湖边的草丛中活动和觅食。常藏匿在草丛中，遇到危险时则急速往草丛或水边奔跑，到水边后或是进入水中游泳，或是飞到水域的对岸，有时在受到威胁时常常压低头部和尾部在地面上奔跑，主要以水生昆虫和其他小型无脊椎动物为食。

【地理分布】 东亚北部地区繁殖，迁徙经过中国东部。冬候鸟见于江西鄱阳湖湿润草地及附近，广东、上海崇明岛保护区有记录。

【本地报告】 保护区内湿草地和沼泽地带可能有个体活动，很难见到，可能与其活动隐蔽有关，旅鸟，罕见。

【遇见月份】

1	2	3	4	**5**	6	7	8	9	10	11	12

鸻形目 CHARADRIIFORMES

本目鸟类包括鸻鹬类及鸥类，为中小型涉禽。鸻鹬类嘴型多变，长短不一；多为4趾，少数种类后趾缺失；趾间具有半蹼或无蹼。鸥类相比之下有蹼善飞，更近游禽。本目鸟类主要栖息于水边、沼泽地和开阔水域。

保护区分布有11科80种。

水雉科 Jacanidae

水雉 *Hydrophasianus chirurgus*

【遇见月份】

1	2	3	4	5	6	7	8	9	10	11	12

【外部形态】 体长约33cm。夏羽头、颏、喉和前颈白色，后颈金黄色，枕黑色，往两侧延伸成一条黑线，沿颈侧而下与胸部黑色相连，将前颈白色和后颈金黄色截然分开。背、肩棕褐色，具紫色光泽。下体棕褐色。中央尾羽特形延长，且向下弯曲。嘴、脚、暗绿色至暗铅色。趾、爪特别长，能轻步行走于睡莲、荷花、菱角、芡实等浮叶植物上。

【栖息生境】 多浮叶植物的湖泊、池塘。

【生态习性】 单独或成小群活动。性活泼，善行走在莲、菱角等水生植物上。亦善游泳和潜水，有时沿水面飞行。以昆虫、虾、软体动物、甲壳类等小型无脊椎动物和水生植物为食。一雌多雄制，通常营巢于莲叶以及大型浮叶植物上。

【地理分布】 国内分布于长江流域和东南沿海地区，有时亦向北扩展到山西、河南、河北等省。

【本地报告】 保护区内水域可见，夏候鸟，较为常见。

水雉

反嘴鹬科 Recurvirostridea

反嘴鹬 *Recurvirostra avosetta*

【外部形态】 体长约40cm。体羽黑白色，眼先、前额、头顶、枕和颈上部绒黑色或黑褐色，形成一个经眼下到后枕，然后弯下后颈的黑色帽状斑。嘴黑色，细长，显著地向上翘。脚蓝灰色，少数个体呈粉红色或橙色。

反嘴鹬

【栖息生境】 湖泊、池塘浅水区域、沿海湿地。

【生态习性】 常单独或成对活动和觅食，栖息时成群。在越冬地和迁徙季节可集成大群。常活动在水边浅水处，步履缓慢而稳健，边走边啄食。也常将嘴伸入水中或稀泥里面，左右来回扫动觅食。也善游泳。主要以小型甲壳类、水生昆虫、昆虫幼虫、蠕虫和软体动物等小型无脊椎动物为食。觅食主要在水边浅水处和烂泥地上。

【地理分布】 国内繁殖于内蒙古、青海、新疆，在长江流域及以南至福建、广东沿海地区越冬。

【本地报告】 保护区内滩涂湿地可见，冬候鸟，一些个体留居。迁徙季节常见，数量甚多，可见几百甚至上千只的大群。

【遇见月份】

1	2	3	4	5	6	7	8	9	10	11	12

黑翅长脚鹬 *Himantopus himantopus*

【外部形态】 体长约37cm。嘴细长，黑色，两翼黑，腿长，像踩高跷一样，红色，体羽白。颈背具黑色斑块。

【栖息生境】 湖泊、池塘浅水区域。

【生态习性】 常单独、成对或小群在浅水中或沼泽地上活动，非繁殖期也常集成较大的群。有时也进到齐腹深的水中觅食。行走缓慢，步履稳健、轻盈。性胆小而机警，主要以软体动物、虾、甲壳类、环节动物、昆虫、昆虫幼虫，以及小鱼和蝌蚪等动物性食物为食。

【地理分布】 国内繁殖于东北、内蒙古、河北、山东、河南、山西、甘肃、青海、新疆。在福建、广东沿海越冬。

【本地报告】 保护区内滩涂湿地可见，旅鸟，可能有少数越冬个体。迁徙季节常见，数量甚多，集小群。

【遇见月份】

1	2	3	4	5	6	7	8	9	10	11	12

蛎鹬科 Haematopodidae

蛎鹬 *Haematopus ostralegus*

【外部形态】 体长约45cm。体羽以黑、白两色为主，体型浑圆。嘴较长而强，通常红色或橘红色。鼻孔线状，鼻沟长度达上嘴一半。脚较粗短，粉红色，足仅具前三趾，后趾退化。

【栖息生境】 海岸带。

【生态习性】 大多数单个活动，有时结成小群在海滩上觅食，善于奔走，飞翔力强。常站立在海滨低岩的顶部，潮退后，在淤泥或沙中搜索食物。主要以甲壳类、软体动物、蠕虫、虾、蟹、沙蚕、小鱼、昆虫和幼虫等为食。

【地理分布】 国内见于沿海一带，夏季在东北、河北、山东等地繁殖，冬季迁至南方的广东沿海和台湾越冬。

【本地报告】 保护区内滩涂湿地可见，旅鸟，有繁殖个体，也可能有少数越冬个体。迁徙季节常见，数量甚多，可见几百甚至上千只的大群。

【遇见月份】

1	2	3	4	5	6	7	8	9	10	11	12

燕鸻科 Glareolidae

普通燕鸻 *Glareola maldivarum*

【外部形态】 体长约22cm。嘴短，基部较宽。翼尖长，尾黑色，呈叉状，飞行和栖息姿势很像家燕。夏羽上体茶褐色，腰白色。喉乳黄色，外缘黑色。颊、颈、胸黄褐色，腹白色。嘴黑色，基部红色。

【栖息生境】 草地、农田开阔地。

【生态习性】 飞行迅速，长时间地在河流、湖泊和沼泽等水域上空飞翔，边飞边叫，叫声尖锐。降落地面后常做短距离奔跑。在地面多活动在河流两岸或湖边沙滩、砾石堆和泥地上，缓步走动觅食，间或急速奔跑。休息时多站立于土堆或沙滩上，由于体色和周围环境很相似，一般不易发现。主要以金龟甲、蚱蜢、蝗虫、螳螂等昆虫，以及蟹、甲壳类等其他小型无脊椎动物为食。主要在地面捕食，有时也在飞行中捕食。成群营巢，巢甚简陋，在沙土地上稍微扒一浅坑即可产卵，有的坑内仅垫少许枯草。

【地理分布】 国内分布于东北全境、河北、云南、广东、福建、台湾和海南岛。

【本地报告】 保护区内农田、旷野可见，夏候鸟，不常见。

【遇见月份】

1	2	3	4	5	6	7	8	9	10	11	12

凤头麦鸡 *Vanellus vanellus*

【外部形态】 体长约32cm。头顶具细长而稍向前弯的黑色冠羽，像突出于头顶的角，甚为醒目。背、肩和三级飞羽暗绿色或辉绿色，具棕色羽缘和金属光泽。颏、喉黑色，胸部具宽阔的黑色横带，前颈中部有一黑色纵带将黑色的喉和黑色胸带连结起来，下胸和腹白色。嘴黑色，脚肉红色或暗橙栗色。

【栖息生境】 农田地、矮草地。

【生态习性】 常成群活动，特别是冬季，常集成数十至数百只的大群。善飞行，飞行速度较慢，两翅迟缓地扇动。有时亦栖息于水边或草地上，当人接近时，伸颈注视，发现有危险则立即起飞。主要吃甲虫等昆虫和幼虫，也吃虾、蜗牛、螺、蚯蚓等小型无脊椎动物和大量杂草种子及植物嫩叶。多营巢于草地或沼泽草甸边的盐碱地上，利用地上凹坑做巢，甚简陋。

【地理分布】 国内繁殖于新疆、内蒙古、甘肃、青海、东北的大部分地区，在长江流域以南、西藏南部、台湾越冬。

【本地报告】 保护区内农田、旷野可见，冬候鸟，少数繁殖个体。较为常见，多集群活动。

【遇见月份】

1	2	3	4	5	6	7	8	9	10	11	12

灰头麦鸡 *Vanellus cinereus*

【外部形态】 体长约35cm。夏羽上体棕褐色，头颈部灰色，眼周及眼先黄色。两翼翼尖黑色，内侧飞羽白色。尾白色，具一阔的黑色端斑。喉及上胸部灰色，胸部具黑色宽带，下腹及腹部白色。嘴黄色具黑端，胫部裸露部分、跗跖及趾黄色。

【栖息生境】 近水的开阔地、农田地。

【生态习性】 多成双或结小群活动，善飞行，常在空中上下翻飞，飞行速度较慢，两翅迟缓地扇动。主要吃甲虫、鳞翅目昆虫、金花虫、天牛幼虫、蚂蚁、石蛾、蝼蛄、水生昆虫、蝗虫、蚱蜢，也吃虾、蜗牛、螺、蚯蚓等小型无脊椎动物和大量杂草种子及植物嫩叶。营巢于离水不远的草地上，甚简陋。

【地理分布】 国内繁殖于东北各地，迁徙经华东和华中地区，越冬于云南、广东。

【本地报告】 保护区内农田、旷野可见，夏候鸟，少数越冬个体，常见。

【遇见月份】

1	2	3	4	5	6	7	8	9	10	11	12

金斑鸻 *Pluvialis fulva*

【外部形态】 体长约24cm。雄鸟上体黑色，密布金黄色斑，下体黑色。一条白色带位于上下体之间极为醒目。雌鸟黑色部分较褐且具有许多细白斑。冬季上体灰褐色，羽缘淡金黄色，下体灰白色，有不明显黄褐斑，眉线黄白色。嘴黑色，胫、跗跖与趾浅灰黑色。

【栖息生境】 沿海滩涂、开阔草地、农田地等。

【生态习性】 迁徙期成群活动，有时达数百只群。体色与草地颜色相差不大，有时很难发现。食昆虫、小鱼、虾、蟹、牡蛎及其他软体动物。

【地理分布】 国内迁徙期见于东部沿海，越冬于福建、广东、云南、海南岛及台湾。

【本地报告】 保护区内农田、草地、旷野可见，旅鸟，少数个体越冬，不常见。

【遇见月份】

1	2	3	4	5	6	7	8	9	10	11	12

金斑鸻

灰斑鸻 *Pluvialis squatarola*

【外部形态】 体长约28cm。繁殖期两颊、颏、喉及整个下体变为黑色。非繁殖羽额白色或灰白色；头顶、后颈、背、腰灰褐至黑褐色；颏、喉、胸、腹白色，下喉、胸部密布浅褐色斑点和纵纹；嘴黑色，跗跖和趾暗灰色。

【栖息生境】 沿海滩涂、开阔草地、农田地等。

【生态习性】 迁徙期成群活动，有时达数百上千只群。体色与周围环境颜色相差不大，有时很难发现。食昆虫、小鱼、虾、蟹、牡蛎及其他软体动物。常见小群在滩涂及沙洲上取食。

【地理分布】 国内越冬于长江中下游以南及东南沿海、海南岛、台湾；迁徙期间途经东北、华中、华东地区。

【本地报告】 保护区内农田、草地、旷野、滩涂可见，旅鸟，少数个体越冬，不常见。

【遇见月份】

1	2	3	4	5	6	7	8	9	10	11	12

灰斑鸻

长嘴剑鸻 *Charadrius placidus*

【外部形态】体长约22cm。额基、颏、喉、前颈白色；眉纹白色，耳羽黑褐色。头顶前部具黑色带斑；上体灰褐色。后颈的白色领环延至胸前；其下部是一黑色胸带。下体余部皆白色。嘴黑色，下喙的基部略有黄色；胫、跗跖和趾土黄色或肉黄色。

【栖息生境】水边及沿海多石砾地带。

【生态习性】多单个或3~5只结群活动。食物为昆虫、蜘蛛、小虾、螺、蚯蚓、植物碎片和细根等。营巢于河岸平滩上卵石滩凹陷处，无任何铺垫物。

【地理分布】繁殖于中国东北、华中及华东；在南方沿海、河流及湖泊地区越冬，一般不常见。

【本地报告】保护区内滩涂湿地可见，留鸟。数量较少，不常见。

【遇见月份】

1	2	3	4	5	6	7	8	9	10	11	12

长嘴剑鸻

剑鸻

剑鸻 *Charadrius hiaticula*

【外部形态】体长约19cm。夏羽眼先、额基黑色，额白色。耳羽黑色或黑褐色，白色的眉纹延伸至眼后。完整的白色颈圈与颏、喉的白色相连。胸前的黑色胸带较宽，且一直环绕至颈后。胸带以下、腹部、两肋、尾下概白色。冬羽与夏羽相似，惟有黑色部分转为暗褐色。与长嘴剑鸻易混，区别在嘴粗短，额基黑并与黑贯眼纹相连。嘴黄而尖黑，脚橘黄色。

【栖息生境】湿地。

【生态习性】多单个或3~5只结群活动。常急走几步，停下来在泥滩觅食，而后又急走，边走边鸣叫。食物为昆虫、蜘蛛、小虾、螺、蚯蚓、植物碎片和细根等。营巢于苔原、河滩上卵石滩凹陷处，无任何铺垫物。

【地理分布】迷鸟至中国东北，偶有冬候鸟至香港。

【本地报告】保护区内滩涂湿地可能有分布，待确认。

【遇见月份】

1	2	3	4	5	6	7	8	9	10	11	12

金眶鸻 *Charadrius dubius*

【外部形态】 体长约16cm。夏羽前额和眉纹白色，额基和头顶前部黑色，头顶后部和枕灰褐色，眼先、眼周和眼后耳区黑色，并与额基和头顶前部黑色相连。眼睑四周金黄色。后颈具一白色环带，向下与颏、喉部白色相连，紧接此白环之后有一黑领围绕着上背和上胸，其余上体灰褐色或沙褐色。下体除黑色胸带外全为白色。冬羽额顶和额基黑色全被褐色取代，额呈棕白色或皮黄白色，头顶至上体沙褐色，眼先、眼后至耳覆羽以及胸带暗褐色。嘴黑色，脚和趾橙黄色。

【栖息生境】 浅水湿地及岸滩。

【生态习性】 常单只或成对活动，偶尔也集成小群，特别是在迁徙季节和冬季，常活动在水边沙滩或沙石地上，行走速度甚快，常边走边觅食，并伴随着一种单调而细弱的叫声。通常急速奔走一段距离后稍作停歇，然后再向前走。主要吃昆虫及其幼虫、蠕虫、蜘蛛、甲壳类、软体动物等小型水生无脊椎动物。营巢于河流、湖泊岸边或河心小岛及沙洲上，也见在海滨沙石地上或水稻田间地上。

【地理分布】 繁殖于华北、华中及东南；迁飞途经东部省份至云南南部、海南岛、广东、福建、台湾沿海及河口越冬。

【本地报告】 保护区内水域、沼泽、滩涂湿地可见，夏候鸟，少数个体越冬，常见。

【遇见月份】

1	2	3	4	5	6	7	8	9	10	11	12

金眶鸻

环颈鸻 *Charadrius alexandrinus*

【外部形态】 全长约16cm。雄鸟夏羽额前和眉纹白色；头顶前部具黑色斑，且不与黑褐贯眼纹相连。头顶后部、枕部至后颈沙棕色或灰褐色。后颈具一条白色领圈。上体余部灰褐色。下体白色，只在胸部两侧有独特的黑色斑块。雌鸟夏羽在雄性是黑色的部分被灰褐色或褐色所取代。冬羽似繁殖期的雌鸟。

【栖息生境】 浅水湿地及岸滩。

【生态习性】 通常单独或小群活动。以蠕虫、昆虫、软体动物为食，兼食植物种子、植物碎片。营巢于沿海海岸和苔原以及内陆河流、湖泊岸边、沙滩或卵石滩、长有稀疏碱蓬的裸露盐碱地上。

【地理分布】 国内繁殖于整个华东及华南沿海，包括海南岛和台湾，在河北也有分布；越冬于长江下游及南方沿海。

【本地报告】 保护区内水域、沼泽、滩涂湿地可见，留鸟。数量很多，分布广泛，常见。

【遇见月份】

1	2	3	4	5	6	7	8	9	10	11	12

环颈鸻

蒙古沙鸻 *Charadrius mongolus*

【外部形态】 体长约20cm。夏羽额白色、黑色或仅具白斑，顶灰褐沾棕。头顶前部具一黑色横带，连于两眼之间。眼先、贯眼纹和耳羽黑色，其上后方有一白色眉斑，后颈棕红色，向两侧延伸至上胸与胸部棕红色相连，形成一完整的棕红色颈环，背和其余上体灰褐色或沙褐色。颏、喉白色。胸和颈两侧栗棕红色，与后颈栗棕红色颈环相连，其余下体白色。冬羽和夏羽相似，但所有的黑色和栗红色均变为褐色。嘴黑色，脚暗灰绿色。

【栖息生境】 沿海泥滩及沙滩。

【生态习性】 常单独活动，有时也见成对或小群活动。性较大胆，常在水边沙滩上行走，边走边觅食。主要取食昆虫、软体动物等小型动物。

【地理分布】 繁殖于西伯利亚但迁徙经过中国东部，少量鸟在中国南部沿海越冬。

【本地报告】 保护区内水域、沼泽、滩涂湿地可见，旅鸟。迁徙期较为常见，集大群活动。

【遇见月份】

1	2	3	4	5	6	7	8	9	10	11	12

蒙古沙鸻

铁嘴沙鸻 *Charadrius leschenaultia*

【外部形态】 体长约23cm。雄鸟夏羽眼先和前头上方黑色，黑色向后延伸至头侧。胸带棕栗色，头上、头后和颈侧略沾染棕色。雌鸟夏羽头部缺少黑色；胸部的棕栗色也淡些，胸带有时不完整。冬羽前头和眉斑白色；头顶和后头灰褐色，上体余部灰褐色，下体余部白色。嘴黑色。腿和脚灰色，或带有肉色或淡绿色。

【栖息生境】 沿海泥滩及沙滩。

【生态习性】 常成小群活动，偶尔也集成大群。多喜欢在水边沙滩或泥泞地上边跑边觅食。以软体动物、小虾、昆虫、杂草等为食。

【地理分布】 国内繁殖于新疆西北部及内蒙古中部地区，部分个体在台湾及东南沿海地区越冬。

【本地报告】 保护区内滩涂湿地可见，旅鸟，迁徙季节常见集大群活动。

【遇见月份】

1	2	3	4	5	6	7	8	9	10	11	12

铁嘴沙鸻

东方鸻 *Charadrius veredus*

【外部形态】 体长约24cm。雄鸟夏羽额、眉纹、面颊、喉、颏、颈白色；头顶、枕及上体灰褐色。颈淡黄褐色向下过渡至胸部为栗红色宽带；其下缘具有明显的一条黑色环斑带。腹部白色。雌鸟面颊污棕色，眉纹不显；胸带沾染黄褐色，其下沿或无黑带。冬羽头顶、眼先、耳羽褐色微沾黄色。额、眉纹、喉、颊淡黄色。上体灰褐色。下体除胸带为黄褐色，余部白色。嘴黑色。腿黄色或橙黄色。

【栖息生境】 岸边、沼泽地带。

【生态习性】 常单独或成小群活动，迁徙和冬季期间也常集成大群。多在水边浅水处和沙滩来回奔跑和觅食。奔跑速度甚快。飞行也很有力，通常飞行快而高。主要以甲壳类、昆虫和昆虫幼虫为食。

【地理分布】 繁殖在东北内蒙古、辽宁等地的草原及荒漠中的泥石滩。迁徙经中国东部但不常见。

【本地报告】 保护区内滩涂湿地可见，旅鸟。数量少，不常见。

【遇见月份】

1	2	3	**4**	**5**	6	7	8	9	**10**	**11**	12

鹬科 Scolopacidae

丘鹬 *Scolopax rusticola*

【外部形态】 体长约35cm。似沙锥，头顶和枕绒黑色，具3~4条不甚规则的灰白色或棕白色横斑。上体锈红色，杂有黑色、褐色横斑和斑纹；颏、喉白色，其余下体灰白色，略沾棕色，密布黑褐色横斑。嘴长且直，蜡黄色，尖端黑褐色，脚灰黄色或蜡黄色。

【栖息生境】 林地及开阔地。

【生态习性】 多夜间活动。白天常隐伏在林中或草丛中，夜晚和黄昏在湖畔、河边、稻田和沼泽地觅食。主要以鞘翅目、双翅目、鳞翅目昆虫、昆虫幼虫、蚯蚓、蜗牛等小型无脊椎动物为食，有时也食植物根、浆果和种子。

【地理分布】 繁殖于黑龙江北部、新疆西北部的天山、四川及甘肃南部。迁徙时经中国的大部地区。越冬在中国南方大多数地区，台湾及海南岛也有越冬鸟。

【本地报告】 保护区内林地、湿地可见，旅鸟，少数个体越冬，活动较为隐蔽。

【遇见月份】

1	**2**	**3**	4	5	6	7	8	9	**10**	**11**	12

丘鹬

针尾沙锥 *Gallinago stenura*

【外部形态】 体长约24cm。头顶中央到枕部有一条棕白色中央纹；两侧各有一条长的棕白色眉纹，具黑色贯眼纹。上体黑褐色，体背两侧形成两条宽阔的棕白色纵纹。颏、喉灰白色，下体余部污白色，具棕黄色和黑褐色纵纹或斑纹。嘴细长而直，尖端微曲；嘴尖端黑褐色，基部黄绿色，跗跖和趾黄绿色。

【栖息生境】 泥滩湿地、稻田。

【生态习性】 常单独或成松散的小群活动。常蹲在草丛下，借助植被的掩护，将长嘴插入潮湿的泥中取食。性胆怯而机警，遇干扰时，常快步走到附近隐蔽处，或就地蹲伏，借助自身的保护色躲避，被迫飞出时，发出“嘎”的一声鸣叫，飞行速度甚快。主要以昆虫、昆虫幼虫、甲壳类和软体动物等小型无脊椎动物为食。有时也吃部分农作物种子和草籽。

【地理分布】 繁殖于东北亚北部地区，国内主要为过境迁徙鸟，一些越冬群体可见于台湾、海南岛、福建、广东及香港。

【本地报告】 保护区内水域、沼泽、滩涂湿地可见，旅鸟，不常见。

【遇见月份】

1	2	3	**4**	**5**	6	7	8	**9**	**10**	**11**	**12**

针尾沙锥

大沙锥 *Gallinago megala*

【外部形态】 体长约28cm。头顶中央具苍白色中央冠纹，眉纹苍白色，眼先污白色，具两条黑褐色纵纹，一条从嘴基直到眼，另一条在眼下方。上体黑褐色，杂以棕黄色纵纹和红棕色横斑与斑纹。下体近白色。嘴较长，褐色，或基部为灰绿色，尖端暗褐色。脚绿色或黄绿色。

【栖息生境】 泥滩湿地、湿润草地。

【生态习性】 常单独、成对或成小群活动。活动主要在晚上、黎明和黄昏，白天多藏匿在草丛和芦苇丛中，直到危险临近时才突然冲出和飞起。飞行快而敏捷，通常呈直线飞行。主要以昆虫、环节动物、甲壳类等小型无脊椎动物为食。

【地理分布】 繁殖于东北亚北部地区，国内迁徙时常见于中国东部及中部，越冬在海南岛、台湾、广东及香港，偶见于河北。

【本地报告】 保护区内水域、沼泽、滩涂湿地可见，旅鸟。迁徙时可见小群，不常见。

【遇见月份】

1	2	3	**4**	**5**	6	7	8	**9**	**10**	**11**	12

大沙锥

扇尾沙锥 *Gallinago gallinago*

【外部形态】 体长约26cm。头顶中央有一棕红色或淡皮黄色中央冠纹，两侧各有一条淡黄白色眉纹。眼先有一黑褐色纵纹。上体棕褐色，在背部有四道宽阔的棕红色纵带。下体灰白色或纯白色，具黑褐色纵纹。嘴长而直，端部黑褐色，基部黄褐色。脚和趾橄榄绿色。

【栖息生境】 泥滩湿地、稻田。

【生态习性】 常单独或成小群活动，迁徙期间有时也集成大群。多在晚上和黎明与黄昏时候活动，当有干扰时，常就地蹲下不动，或疾速跑至附近草丛中隐蔽，直到危险临近时才突然冲出和飞起。飞行方向变换不定，常呈“S”形或锯齿状曲折飞行，经过几次急转弯后，很快升入高空，常在空中盘旋一圈后，才又急速冲入地上草丛。主要以蚂蚁、金针虫、小甲虫、鞘翅目等昆虫、蜘蛛、蚯蚓和软体动物为食，偶尔也吃小鱼和杂草种子。

【地理分布】 繁殖于中国东北及西北的天山地区。迁徙时常见于中国大部地区。越冬在西藏南部、云南及中国南方的大多数地区。

【本地报告】 保护区内水域、沼泽、滩涂湿地可见，冬候鸟，是所有沙锥中最为常见的一种。

【遇见月份】

1	**2**	**3**	**4**	**5**	6	7	8	**9**	**10**	**11**	**12**

扇尾沙锥

半蹼鹬 *Limnodromus semipalmatus*

【外部形态】 全长约35cm。夏羽头、颈棕红色，贯眼纹黑色。头顶有密集的黑色纵纹。下体棕红色，两肋前部微具黑色横斑。冬羽上体暗灰褐色，下体白色。嘴黑色，尖端稍膨大，跗跖和趾黑褐色。

【栖息生境】 泥滩、沼泽湿地。

【生态习性】 常单独或成小群活动。性胆小而机警。主要以昆虫、昆虫幼虫、蠕虫和软体动物为食。常在湖边、河岸、水塘沼泽和海边潮间带沙滩和泥地上觅食，频繁地将嘴插入泥中。

【地理分布】 国内繁殖于黑龙江齐齐哈尔地区、吉林向海及内蒙古东部呼伦池。迁徙经过华东及华南。

【本地报告】 保护区内水域、沼泽、滩涂湿地可见，旅鸟。数量稀少，单只或几只于滩涂上活动。罕见。

【遇见月份】

1	2	**3**	**4**	**5**	6	7	**8**	**9**	**10**	11	12

半蹼鹬

黑尾塍鹬 *Limosa limosa*

【外部形态】 体长约42cm。夏羽头栗色，具暗色细条纹，眉纹乳白色，到眼后变为栗色，贯眼纹黑褐色，细窄而长，一直延伸到眼后。上体灰褐色。颏白色，喉、前颈和胸栗红色，其余下体白色。冬羽和夏羽基本相似，但上体呈灰褐色，眉纹白色，在眼前极为突出，前颈和胸灰色，其余下体白色。嘴长而直，尖端较钝，黑色，基部肉红色，跗跖与趾灰绿色或褐色。

【栖息生境】 泥滩、沼泽湿地。

【生态习性】 单独或成小群活动，冬季有时偶尔也集成大群。主要以水生和陆生昆虫、昆虫幼虫、甲壳类和软体动物为食。常在水边泥地或沼泽湿地上边走边觅食，将长嘴插入泥中觅食。

【地理分布】 繁殖于新疆西北部天山及内蒙古的呼伦池及达赉湖地区。大群的迁徙鸟经中国大部地区，少量个体于南方沿海及台湾越冬。

【本地报告】 保护区内水域、沼泽、滩涂湿地可见，旅鸟。迁徙期间较为常见。

【遇见月份】

1	2	**3**	**4**	**5**	6	7	**8**	**9**	**10**	**11**	12

黑尾塍鹬

黑尾塍鹬

斑尾塍鹬 *Limosa lapponica*

【外部形态】 体长约38cm，与黑尾塍鹬差别主要在嘴微上翘。雄鸟夏羽头、颈深棕栗色；头顶有黑褐色条纹。上体黑褐色，下体深棕栗色。雌鸟夏羽缺少雄性的栗红色，多被土黄色替代，腹白色，两侧点缀褐色斑。雌性体型通常较大，嘴较长。冬羽头顶和上体灰褐色，羽干斑黑褐色；眉纹白色，细的贯眼纹黑色。颈、胸灰色，多黑色细纵纹。下体余部白色。嘴长而上翘，红色，尖端黑色；脚黑褐。

【栖息生境】 泥滩、沼泽湿地。

【生态习性】 常见数十只群在一起活动，在沙滩上行走觅食；主要以甲壳类、蠕虫、昆虫、植物种子为食。

【地理分布】 国内为过境鸟，迁徙时有记录见于新疆西北部天山、东北及华东各省。部分结小群在南方沿海及台湾、海南岛越冬。

【本地报告】 保护区内水域、沼泽、滩涂湿地可见，旅鸟。迁徙期较为常见。

【遇见月份】

1	2	**3**	**4**	**5**	6	7	**8**	**9**	**10**	11	12

小杓鹬

小杓鹬 *Numenius minutus*

【外部形态】体型纤小，体长约30cm。头黑褐色；眼上显著的眉纹和中央冠纹淡黄色。具黑贯眼纹。上体黑褐色。颏和喉白色或沾土黄色。胸部充满沙黄色，多褐色斑纹；腹部白色，或略沾黄色。雌雄羽色相同，雌性体型大些。嘴峰略微向下弯曲，嘴端黑色，下喙基部肉色。腿黄色或染灰蓝色。

【栖息生境】泥滩、沼泽湿地、草地。

【生态习性】常单独或呈小群活动，但迁徙和越冬时也同其他鹬类集成较大的群体。在海边滩涂潮上带上觅食，啄食昆虫、昆虫幼虫、小鱼、甲壳类和软体动物等，有时也吃藻类、草籽和植物种子。

【地理分布】国内罕见，但迁徙时定期经过中国东部及台湾。

【本地报告】保护区内水域、沼泽、滩涂湿地可见，旅鸟。数量少，较为罕见。

【遇见月份】

1	2	3	**4**	**5**	6	7	**8**	**9**	**10**	11	12

中杓鹬 *Numenius phaeopus*

【外部形态】体长约43cm。顶暗褐色，中央冠纹和眉纹白色，贯眼纹黑褐色。上体暗褐色，下背和腰白色。颏、喉白色，颈和胸灰白色，具黑褐色纵纹，腹白色。嘴黑褐色，长而向下弯曲，脚蓝灰色或青灰色。

【栖息生境】泥滩、沼泽湿地、草地。

【生态习性】常单独或成小群活动，迁徙时可集成大群。行走时步伐大而缓慢。飞行时两翅扇动较快、有力。常将朝下弯曲的嘴插入泥地探觅食物。主要以昆虫、昆虫幼虫、甲壳类和软体动物等小型无脊椎动物为食。

【地理分布】国内迁徙时常见于中国大部地区，尤其于华东及华南沿海几处河口地带。少数个体在台湾及广东越冬。

【本地报告】保护区内水域、沼泽、滩涂湿地可见，旅鸟。迁徙期在河口滩涂较为常见，数量一般。

【遇见月份】

1	2	3	**4**	**5**	6	7	**8**	**9**	**10**	11	12

中杓鹬

白腰杓鹬 *Numenius arquata*

【外部形态】 体长约55cm。头和上体淡褐色，多具黑褐色纵纹。下背、腰白色。颏、喉灰白色，腹、肋部白色，具粗重黑褐色斑点。嘴黑褐色，甚长而下弯，下嘴基部肉色，脚青灰色。

【栖息生境】 泥滩、沼泽湿地。

【生态习性】 常成小群活动。性机警，活动时步履缓慢稳重，并不时地抬头四处观望，发现危险，立刻飞走，并伴随一声“gee”的鸣叫。飞行时，两翅扇动缓慢。主要以甲壳类、软体动物、蠕虫、昆虫和昆虫幼虫为食，也啄食小鱼和蛙。

【地理分布】 国内繁殖于中国东北。迁徙时途经中国多数地区。

【本地报告】 保护区内水域、沼泽、滩涂湿地可见，冬候鸟，一些个体可能繁殖，较常见。

【遇见月份】

1	2	3	4	5	6	7	8	9	10	11	12

大杓鹬 *Numenius madagascariensis*

【外部形态】 体长约63cm。上体黑褐色，羽缘白色和棕白色，使上体呈黑白而沾棕的花斑状。腰和尾上覆羽棕红褐色。颏、喉白色，腹灰白色。嘴甚长而下弯；比白腰杓鹬色深而褐色重，下嘴基部肉色，脚灰褐色或黑色。

【栖息生境】 泥滩、沼泽湿地。

【生态习性】 常单独或成松散的小群活动，在休息时或在夜间栖息地，则易集成群。性胆怯，活动时常不断抬头伸颈观望，长时间站在一个地方不动，如有危险则立刻起飞。飞行时两翅鼓动缓慢，但飞得较快。主要以甲壳类、软体动物、昆虫和幼虫为食。有时也吃鱼类、爬行类和两栖类等脊椎动物。

【地理分布】 国内分布于长江下游、华南与东南沿海、海南岛、台湾及西藏南部地区的冬候鸟。迁徙时经过中国东部广大地区，数量不多。

【本地报告】 保护区内水域、沼泽、滩涂湿地可见，旅鸟，少数个体越冬，较常见。

【遇见月份】

1	2	3	4	5	6	7	8	9	10	11	12

鹤鹬 *Tringa erythropus*

【外部形态】 体长约30cm。夏羽通体黑色，眼圈白色，在黑色的头部极为醒目。背具白色羽缘，使上体呈黑白斑驳状，头、颈和整个下体纯黑色，仅两肋具白色鳞状斑。冬羽背灰褐色，腹白色，胸侧和两肋具灰褐色横斑。嘴细长、直而尖，下嘴基部红色，余为黑色。

【栖息生境】 泥滩、沼泽湿地。

【生态习性】 常单独或成分散的小群活动，多在水边沙滩、泥地、浅水处和海边潮间带边走边啄食，有时进入深达腹部的深水中，从水底探取食物。主要以甲壳类、软体动物、水生昆虫和昆虫幼虫为食。

【地理分布】 国内在新疆西北部天山有繁殖记录。迁徙时常见于中国中东部多数地区，结大群在南方各地、海南岛及台湾越冬。

【本地报告】 保护区内水域、沼泽、滩涂湿地可见，旅鸟，少数个体越冬。迁徙期在沿海一带沼泽湿地、鱼塘较常见。

【遇见月份】

1	2	3	4	5	6	7	8	9	10	11	12

鹤鹬

红脚鹬 *Tringa totanus*

【外部形态】 体长约28cm。夏羽头及上体灰褐色，具黑褐色羽干纹。上体褐灰，下体白色，胸具褐色纵纹。飞行时腰部白色明显。冬羽头与上体灰褐色，黑色羽干纹消失，头侧、颈侧与胸侧具淡褐色羽干纹，下体白色，其余似夏羽。嘴长直而尖，基部橙红色，尖端黑褐色。脚较细长，橙红色。

红脚鹬

【栖息生境】 泥滩、沼泽湿地。

【生态习性】 单独或成小群活动，休息时则成群。性机警，飞翔力强，受惊后立刻冲起，从低至高成弧状飞行，边飞边叫。主要以甲壳类、软体动物、环节动物、昆虫和昆虫幼虫等各种小型无脊椎动物为食。

【地理分布】 繁殖于中国西北、青藏高原及内蒙古东部。大群鸟途经华南及华东，越冬鸟留在长江流域及南方各省、海南岛、台湾。

【本地报告】 保护区内水域、沼泽、滩涂湿地可见，旅鸟，少数个体越冬，较常见。

【遇见月份】

1	2	3	4	5	6	7	8	9	10	11	12

泽鹬 *Tringa stagnatilis*

【外部形态】 体长约23cm。夏羽眼先、颊、眼后和颈侧灰白色，具暗色纵纹或矢状斑，贯眼纹暗褐色。头顶、后颈淡灰白色，具暗色纵纹，上背沙灰色或沙褐色，具显著的黑色中央纹。下背和腰纯白色。下体白色为主。冬羽额、眼先和眉纹白色，头顶和上体淡灰褐色，或沙灰色。下体白色，其余似夏羽。嘴长，相当纤细，直而尖，黑色，基部绿灰色，脚细长，暗灰绿色或黄绿色。

【栖息生境】 泥滩、沼泽湿地。

【生态习性】 常单独或成小群活动。性胆小而机警。主要以水生昆虫、昆虫幼虫、软体动物和甲壳类为食，也吃小鱼。常单独觅食，主要在水面或地面啄食。也常将嘴插入泥或沙中探觅和啄取食物。有时也通过嘴在水中前后晃动取食，特别是在富有浮游生物的地方。

【地理分布】 国内繁殖在内蒙古东北部呼伦湖地区，迁徙经过华东沿海、海南岛及台湾。偶尔经过中国中部。

【本地报告】 保护区内水域、沼泽、滩涂湿地可见，旅鸟，少数个体留居，较常见。

【遇见月份】

1	2	3	4	5	6	7	8	9	10	11	12

青脚鹬 *Tringa nebularia*

【外部形态】 体长约32cm。夏羽头顶至后颈灰褐色，羽缘白色。上体灰褐或黑褐色，具黑色羽干纹和窄的白色羽缘，下背、腰及尾上覆羽白色。下胸、腹和尾下覆羽白色。冬羽头、颈白色，微具暗灰色条纹。上体淡褐灰色，具白色羽缘；下体白色，在下颈和上胸两侧具淡灰色纵纹，其余似夏羽。嘴较长，基部较粗，往尖端逐渐变细和向上倾斜。基部蓝灰色或绿灰色，尖端黑色。脚淡灰绿色、黄绿色或青绿色。

【栖息生境】 泥滩、沼泽湿地。

【生态习性】 常单独、成对或成小群活动。多在水边或浅水处走走停停，也常在地上急速奔跑和突然停止。主要以虾、蟹、小鱼、螺、水生昆虫和昆虫幼虫为食。

【地理分布】 繁殖于东北亚北部地区，迁徙时见于国内大部地区，结大群在西藏南部及中国长江以南包括台湾及海南岛的大部分地区越冬。

【本地报告】 保护区内水域、沼泽、滩涂湿地可见，旅鸟，一些个体越冬，较常见。

【遇见月份】

1	**2**	**3**	**4**	**5**	**6**	**7**	**8**	**9**	**10**	**11**	**12**

青脚鹬

小青脚鹬 *Tringa guttifer*

【外部形态】 体长约31cm。夏羽头顶至后颈赤褐色，具黑褐色纵纹。背部为黑褐色，具白色斑点。腰部和尾羽为白色，而且腰部的白色呈楔形向下背部延伸，尾羽的端部具黑褐色横斑，飞翔时极为醒目。下体为白色。前颈、胸部和两肋具黑色圆形斑点。冬羽背部为灰褐色，下体纯白色。嘴较粗而微向上翘，尖端黑色，基部淡黄褐色。脚较短，呈黄色、绿色或黄褐色。

【栖息生境】 泥滩、沼泽湿地。

【生态习性】 常单独在水边沙滩或泥地上活动。性机警，稍有惊动即刻起飞。飞翔有力。觅食时常低着头，嘴朝下，在浅水地带来回奔走。主要以水生小型无脊椎动物和小型鱼类为食，常到齐腹深的水中觅食。

【地理分布】 繁殖于东北亚北部地区，迁徙时经国内东部沿海地区。每年春季在香港有少量出现。

【本地报告】 保护区内水域、沼泽、滩涂湿地可见，旅鸟。数量少，较为罕见。

【遇见月份】

1	2	3	**4**	**5**	6	7	**8**	**9**	**10**	11	12

小青脚鹬

白腰草鹬 *Tringa ochropus*

【外部形态】 体长约23cm。夏羽上体黑褐色具白色斑点。腰和尾白色，尾具黑色横斑。下体白色，胸具黑褐色纵纹。白色眉纹仅限于眼先，与白色眼周相连，在暗色的头上极为醒目。冬季颜色较灰，胸部纵纹不明显，为淡褐色。飞翔时翅上下均为黑色，腰和腹白色，容易辨认。嘴灰褐色或暗绿色，尖端黑色，脚橄榄绿色或灰绿色。

【栖息生境】 泥滩、沼泽湿地。

【生态习性】 常单独或成对活动，迁徙期间也集成小群。常见在翻耕的旱地上活动。尾常上下晃动，边走边觅食。遇有干扰亦少起飞，常急走远离干扰者，到有草或乱石处隐蔽。若干扰者继续靠近，则突然冲起，并伴随着‘啾哩-啾哩’的鸣叫而飞。飞行疾速。主要以昆虫、昆虫幼虫、蜘蛛、虾、蚌、田螺等小型无脊椎动物为食，偶尔也吃小鱼和稻谷。

【地理分布】 繁殖于欧亚大陆北部，迁徙时常见于中国大部地区。越冬于塔里木盆地、西藏南部的雅鲁藏布江流域、中国东部大部地区，长江流域以南的整个地区，极少至沿海。

【本地报告】 保护区内主要分布于沿海及内陆湿地，冬候鸟。繁殖季节可见少数个体。数量不多，但较为常见。

【遇见月份】

1	2	3	4	5	6	7	8	9	10	11	12

白腰草鹬

林鹬 *Tringa glareola*

【外部形态】 体长约20cm。夏羽头和后颈黑褐色，具细的白色纵纹；眉纹白色，眼先黑褐色；背、肩黑褐色，具白色或棕黄白色斑点。下背和腰暗褐色。颏、喉白色。前颈和上胸灰白色而杂以黑褐色纵纹。其余下体白色。冬羽和夏羽相似，但上体更灰褐。嘴较短而直，尖端黑色，基部橄榄绿色或黄绿色，脚暗黄色和绿黑色。

【栖息生境】 泥滩、沼泽湿地。

【生态习性】 常单独或成小群活动，迁徙期也集成大群。常沿水边边走边觅食。性机警，遇到危险立即起飞，边飞边叫。有时栖息于灌丛或树上，降落时两翅上举。主要以直翅目和鳞翅目昆虫、昆虫幼虫、虾、蜘蛛、软体动物和甲壳类等小型无脊椎动物为食，偶尔也吃少量植物种子。

【地理分布】 繁殖于黑龙江及内蒙古东部。迁徙时常见于中国全境。越冬于海南岛、台湾、广东及香港；偶见于河北及东部沿海。

【本地报告】 江苏全境有分布，旅鸟，少数个体留居。较为常见。

【遇见月份】

1	2	3	4	5	6	7	8	9	10	11	12

林鹬

翘嘴鹬 *Xenus cinereus*

【遇见月份】

1	2	3	**4**	**5**	6	7	**8**	**9**	**10**	11	12

【外部形态】 体长约23cm。夏羽上体灰褐色，具细窄的黑色羽干纹；肩部黑色羽轴纹较宽，在两肩形成一条显著的黑色纵带。眉纹白色，贯眼纹黑色。下体白色，胸和胸两侧具细的褐色纵纹。冬羽上体淡褐色或沙灰色，具细的暗色羽干纹。肩部黑色纵带消失，胸斑较淡，具不明显的纵纹，其余似夏羽。嘴长而上翘，橙黄色，尖端黑色。脚较短，橙黄色。

【栖息生境】 泥滩、沼泽湿地。

【生态习性】 常单独或成小群活动。行走迅速，常在水边浅水处或沙滩上边走边觅食。主要以甲壳类、软体动物、昆虫和昆虫幼虫等小型无脊椎动物为食。

【地理分布】 繁殖于欧亚大陆北部，迁徙时常见于中国东部及西部。部分非繁殖鸟整个夏季可见于中国南部。

【本地报告】 保护区内水域、沼泽、滩涂湿地可见，旅鸟。迁徙期较为常见。

矶鹬 *Actitis hypoleucos*

【外部形态】 体长约20cm。头、颈褐色具绿灰色光泽，具白色眉纹和黑色贯眼纹。上体黑褐色，下体白色，并沿胸侧向背部延伸，翅收起时在翼角前方形成显著的白斑。嘴、脚均较短，嘴暗褐色，脚淡黄褐色。

【栖息生境】 泥滩、沼泽湿地。

【生态习性】 常单独或成对活动，非繁殖期亦成小群。常活动在多沙石的浅水河滩、水中沙滩或江心小岛上，停息时多栖于水边岩石、河中石头和其他突出物上，停息时尾不断上下摆动。性机警。主要以昆虫为食，也吃螺、小鱼、蝌蚪等。

【地理分布】 繁殖于中国西北、中北及东北；冬季南迁至沿海、河流及湿地。

【本地报告】 保护区内水域、沼泽、滩涂湿地可见，冬候鸟，一些个体留居，较为常见。

【遇见月份】

1	2	3	4	5	6	7	8	9	10	11	12

矶鹬

翻石鹬 *Arenaria interpres*

【外部形态】 体长约23cm。雄鸟夏羽体色非常醒目，由栗色、白色和黑色交杂而成；头颈白色，前额有一黑色横带横跨于两眼之间，并经两眼垂直向下，与黑色颚纹相交；胸和前颈黑色，两端分别向颈侧延伸，形成两条带斑；前端与黑色颚纹相联，喉仅中部为白色；其余下体纯白色；背、肩橙红色，具黑、白色斑。雌鸟和雄鸟基本相似，但上体较暗。冬羽和夏羽相似，但上体橙栗色大多消失，变为暗褐色。嘴短，黑色，脚橙红色。

【栖息生境】 泥滩、沙滩及岩石岸带。

【生态习性】 常单独或成小群活动。迁徙期间也常集成大群。行走时步态有点蹒跚，但奔跑很好，飞行有力而直，通常不高飞。主要啄食甲壳类、软体动物、蜘蛛、蚯蚓、昆虫和昆虫幼虫。也吃部分禾本科植物种子和浆果。

【地理分布】 繁殖于北方高纬度地区，国内迁徙时甚常见，经中国东部，部分鸟留于台湾、福建及广东越冬。部分非繁殖鸟夏季见于海南岛。

【本地报告】 保护区内水域、沼泽、滩涂湿地可见，旅鸟。迁徙期较为常见。

【遇见月份】

1	2	3	4	5	6	7	8	9	10	11	12

翻石鹬

灰尾漂鹬 *Heteroscelus brevipes*

【外部形态】 体长约25cm。夏羽头顶、后颈、翅和尾等整个上体淡石板灰色，微缀褐色。眉纹白色，贯眼纹黑灰色。胸和两肋前部白色，具不甚清晰的细窄的灰色横斑。腹白色。冬羽似夏羽，但下体无横斑。嘴黑色、下嘴基部黄色。脚较短而粗，黄色。

【栖息生境】 泥滩、沼泽湿地。

【生态习性】 常单独或成松散的小群活动于水边浅水处。休息时多栖息在潮间带上部、防波堤上或树上，尾上下摆动。行走迅速，行走时常常点头和摆尾。遇危险时常常蹲伏隐蔽。飞行快而轻盈。主要以水生昆虫、甲壳类、软体动物、小鱼等为食。

【地理分布】 繁殖于西伯利亚，迁徙时见于中国东部的大部地区，部分个体在台湾及海南岛越冬。

【本地报告】 保护区内水域、沼泽、滩涂湿地可见，旅鸟，不常见。

【遇见月份】

1	2	3	**4**	**5**	6	7	**8**	**9**	**10**	11	12

大滨鹬 *Calidris tenuirostris*

【外部形态】 体长约27cm。夏羽头、颈具白色和黑褐色相间的细条纹。上体灰褐色，肩部有栗红色斑，背部黑色，腰白色。下体白色，颈、胸密布黑褐色斑，形成宽的黑色胸带。冬羽头、颈密布纤细的黑色纵纹。上体纯灰色。胸部斑纹较弱；肋部条纹稀少。嘴较长且厚，端部微下弯，黑色；脚绿灰色。

【栖息生境】 泥滩、沼泽湿地。

【生态习性】 常结大群活动。食物包括甲壳类、软体动物、螃蟹、昆虫等。常将嘴插入泥中觅食，也常沿水边浅水处或水边沙滩和泥地上边走边觅食。

【地理分布】 繁殖于西伯利亚，国内迁徙经东部沿海地区。冬季少量鸟留在海南岛、广东及香港。

【本地报告】 保护区内水域、沼泽、滩涂湿地可见，旅鸟。迁徙期十分常见，常结大群活动。

【遇见月份】

1	2	3	4	5	6	7	8	9	10	11	12

大滨鹬

三趾滨鹬 *Calidris alba*

【遇见月份】

1	2	3	4	5	6	7	8	9	10	11	12

【外部形态】 体长约20cm。夏羽额基、颏和喉白色，头的余部、颈和上胸深栗红色，具黑褐色纵纹。下胸、腹和翼下覆羽白色。冬羽头顶、枕、肩淡灰白色。下体白色，胸侧缀有灰色。嘴黑色，尖端微向下弯曲。脚黑色。

【栖息生境】 泥滩、沼泽湿地。

【生态习性】 常成群活动，有时也与其他鹬混群。性活泼而嘈杂。常沿水边疾速奔跑啄食，有时也将嘴插入泥中觅食。主要以甲壳类、软体动物、蚊类和其它昆虫幼虫、蜘蛛等小型无脊椎动物为食，有时也吃少量植物种子。

【地理分布】 繁殖于北方地区，国内为新疆西部、西藏南部、整个东北、贵州及海南的偶见迁徙鸟，但相当数量于华南、东南沿海及台湾的南部越冬。

【本地报告】 保护区内水域、沼泽、滩涂湿地可见，旅鸟。迁徙期十分常见。

三趾滨鹬

红腹滨鹬 *Calidris canutus*

【外部形态】 体长约24cm。夏羽上体灰褐色具黑色中央纹，背具棕栗色和白色斑纹及羽缘，头侧和整个下体栗红色。冬季棕红色消失，上体灰色，头具细窄的黑色纵纹，背具细的黑色羽干纹和白色羽缘。下体白色，颊至胸具灰褐色纵纹。嘴较短而直、黑色，脚亦甚短、绿色。

【栖息生境】 泥滩、沼泽湿地。

【生态习性】 常单独或成小群活动，冬季亦常集成大群觅食。性胆小，见人很远即飞，主要以软体动物、甲壳类、昆虫等小型无脊椎动物为食，也吃部分植物嫩芽、种子和果实。

【地理分布】 国内迁徙途经东北南部、河北、山东，南至江苏、福建，部分在广东、海南岛、台湾越冬。

【本地报告】 保护区内水域、沼泽、滩涂湿地可见，旅鸟。迁徙期较常见。

【遇见月份】

1	2	3	**4**	**5**	6	7	**8**	**9**	**10**	**11**	12

红颈滨鹬 *Calidris ruficollis*

【外部形态】 体长约15cm。夏羽头、颈、背、肩红褐色。头顶和后颈具黑褐色细纵纹；黑褐色贯眼纹不甚明显。眉纹、脸、颊、颈和上胸红褐色。冬羽眉纹浅白，贯眼纹黑褐色，上体灰褐，多具杂斑及纵纹；下体白。嘴黑色，脚黑色。

【栖息生境】 泥滩、沼泽湿地。

【生态习性】 常成群活动。喜欢在水边浅水处和海边潮间带活动和觅食。行动敏捷迅速。常边走边啄食。主要以昆虫、昆虫幼虫、甲壳类和软体动物为食。地面啄食，有时也将嘴插入泥中觅食。

【地理分布】 繁殖于西伯利亚，为中国东部及中部甚常见的迁徙过境鸟。一些冬候鸟留在海南岛、广东、香港及台湾沿海越冬。

【本地报告】 保护区内水域、沼泽、滩涂湿地可见，旅鸟。迁徙期十分常见，数量较多。

【遇见月份】

1	2	3	4	5	6	7	8	9	10	11	12

红颈滨鹬

长趾滨鹬 *Calidris subminuta*

【外部形态】 体长约14cm。夏羽头顶棕色，具黑褐色纵纹。具清晰的白色眉纹，贯眼纹暗色。上背褐色，具宽的棕栗色和白色羽缘。下体白色。胸缀灰皮黄色，具黑褐色纵纹，在两侧甚显著。嘴黑色，下嘴基部褐色或黄绿色。脚和趾褐黄绿色，有时呈淡橙黄色。趾较长，明显比其他滨鹬长。

【栖息生境】 泥滩、沼泽湿地。

【生态习性】 常单独或成小群活动。喜欢在岸边富有植物的水边泥地和沙滩，以及浅水处活动和觅食。性较胆小而机警。当有惊动时，常站立不动，伸颈观察四周动静，然后飞走。飞行快而敏捷。主要以昆虫、昆虫幼虫、软体动物等小型无脊椎动物为食。有时也吃小鱼和部分植物种子。

【地理分布】 繁殖于西伯利亚，迁徙时见于华东及华中的大部分地区，越冬在台湾、广东及香港。

【本地报告】 保护区内水域、沼泽、滩涂湿地可见，旅鸟。迁徙期较常见，数量较青脚滨鹬多。

【遇见月份】

1	2	3	4	5	6	7	8	9	10	11	12

长趾滨鹬

青脚滨鹬 *Calidris temminckii*

【外部形态】 体长约14cm。夏羽上体灰褐色，染棕色。冬羽上体全暗灰；下体胸灰色，渐变为近白色的腹部。嘴黑色，腿及脚偏绿或近黄。

【栖息生境】 泥滩、沼泽湿地。

【生态习性】 成小群或大群。飞行快速，紧密成群作盘旋飞行。主要以昆虫、小甲壳动物、蠕虫为食。

【地理分布】 繁殖于欧亚大陆北部，国内罕见的过境鸟，于中国全境。越冬群体见于台湾、福建、广东及香港。

【本地报告】 保护区内水域、沼泽、滩涂湿地可见，旅鸟。迁徙期较常见，数量一般。

【遇见月份】

1	2	3	4	5	6	7	8	9	10	11	12

青脚滨鹬

斑胸滨鹬 *Calidria melanotos*

【外部形态】 体长约22cm。夏羽头顶褐色，具暗栗色和淡橄榄色纵纹，眉纹白色，但不明显；眼先和耳羽褐色；上体黑褐色，具栗色、淡褐色或皮黄褐色羽缘；下体白色。冬羽和夏羽基本相似，但体色较浅淡，棕栗色消失，主要为黑褐色和淡褐色。嘴微向下弯曲，黑褐色，基部淡黄褐色。脚暗绿色、褐色或黄色。

【栖息生境】 沿海泥滩、岩石岸滩。

【生态习性】 常单独或成小群活动。喜欢在沼泽和溪边的草地和烂泥地上活动和觅食。遇惊动时，常快速飞走，并发出高声鸣叫。主要以各种昆虫和昆虫幼虫为食，此外也吃蜘蛛、蛞蝓等小型无脊椎动物和植物种子。

【地理分布】 繁殖于西伯利亚东部，国内为罕见过境鸟。河北北戴河、香港及台湾均有过记录。

【本地报告】 保护区内水域、沼泽、滩涂湿地可见，旅鸟，罕见。

【遇见月份】

1	2	3	4	5	6	7	8	9	10	11	12

斑胸滨鹬

尖尾滨鹬 *Calidris acuminate*

【外部形态】 体长约19cm。夏羽头顶泛栗色；眉纹白色。上体黑褐色，各羽缘染栗色或浅棕白色。颏、喉白色具淡黑褐色点斑；胸浅棕色，亦具暗色斑纹；至下胸和两肋斑纹变成粗的箭头形斑。腹白色。冬羽似夏羽。但头顶棕色较淡。嘴黑褐色，微向下弯，下嘴基部淡灰色或黄褐色。脚绿色、褐色或黄色。

【栖息生境】 泥滩、沼泽湿地。

【生态习性】 常单独或成小群活动，在食物丰富的觅食地，也常集成大群。受惊时常很快形成密集的群，并快速飞行。也常与其他鹬类混群活动和觅食。主要以昆虫幼虫、甲壳类、软体动物等小型无脊椎动物为食，有时也吃植物种子。

【地理分布】 繁殖于西伯利亚，国内主要为迁徙过境鸟，在中国东北、沿海省份及云南均有记录。冬季在台湾(包括兰屿岛)也有过记录。

【本地报告】 保护区内水域、沼泽、滩涂湿地可见，旅鸟。迁徙期十分常见，数量较多。

【遇见月份】

1	2	3	**4**	**5**	6	7	**8**	**9**	**10**	11	12

弯嘴滨鹬 *Calidris ferruginea*

【外部形态】 体长约21cm。夏羽头顶黑褐色，眉纹白色；上体褐色，羽缘多染栗红色或羽端白色；背至上腰黑褐色，腰部的白色不明显，下腰、尾上覆羽白色；下体深栗红色，包括头、颈、胸、腹部，在下腹和肋有白色斑纹，至尾下转为白色。冬羽眉纹白色，头至上体灰色，各羽具狭窄的暗色羽干纹；下体白色，胸侧略沾污。嘴长而下弯，黑色，脚黑色。

【栖息生境】 泥滩、沼泽湿地。

【生态习性】 常成松散的小群在浅水中或水边泥地和沙滩上活动和觅食。在食物特别丰富的地方，有时也集成数百甚至上千只的大群，很少单只活动和觅食。觅食时常把喙插入沙土或泥中，有时也进入更深的水中觅食。飞行迅速。主要以昆虫、甲壳类和软体动物等为食。

【地理分布】 繁殖于西伯利亚，国内迁徙时见于整个中国，少量在海南岛、广东及香港越冬。

【本地报告】 保护区内水域、沼泽、滩涂湿地可见，旅鸟。迁徙期较常见，数量一般。

【遇见月份】

1	2	3	**4**	**5**	6	7	**8**	**9**	**10**	11	12

弯嘴滨鹬

黑腹滨鹬 *Calidris alpine*

【外部形态】 体长约19cm。夏羽头顶棕栗色，具黑褐色纵纹，眉纹白色；上体棕色；颈与胸具黑褐色纵纹，腹部有大块黑斑；下体白色。冬季上体灰色，下体白色，颈和胸侧有灰褐色纵纹。嘴黑色，较长而微向下弯。脚绿灰色。

【栖息生境】 泥滩、沼泽湿地。

【生态习性】 常单独或成群活动。性活跃、善奔跑，常沿水边跑跑停停，边跑边啄食，有时也将嘴插入泥地和沙土中觅食。飞行快而直。主要以甲壳类、软体动物、蠕虫、昆虫、昆虫幼虫等各种小型无脊椎动物为食。

【地理分布】 繁殖于欧亚大陆北部，迁徙时由中国东北至东南部可见。越冬在华南、东南沿海及长江以南，也见于台湾及海南岛。

【本地报告】 保护区内水域、沼泽、滩涂湿地可见，旅鸟，少数个体越冬。

【遇见月份】

1	**2**	**3**	**4**	**5**	6	7	**8**	**9**	**10**	**11**	**12**

黑腹滨鹬

勺嘴鹬 *Eurynorhynchus pygmeus*

【外部形态】体长约15cm。夏羽前额、头顶和后颈栗红色，具黑褐色纵纹；上体黑褐色，具栗色羽缘；头两侧、脸、前颈、颈侧和上胸栗红色，其余下体白色。冬羽头顶和上体灰褐色，缺夏羽的栗红色。嘴黑色，基部宽厚而平扁，尖端扩大成铲状，脚黑色。

【栖息生境】泥滩、沼泽湿地。

【生态习性】常单独活动。行走时将嘴伸入水中或烂泥里，用嘴左右来回扫动前进。主要以昆虫、昆虫幼虫、甲壳类和其他小型无脊椎动物为食。

【地理分布】繁殖于北欧及亚洲，有记录迁徙时见于华东沿海、台湾、新疆西部及西藏南部。一些鸟在福建及广东沿海越冬。

【本地报告】保护区内水域、沼泽、滩涂湿地可见，保护区南部的东台条子泥、如东小洋口有多次记录，旅鸟，罕见，数量稀少。

【遇见月份】

1	2	3	**4**	**5**	6	7	**8**	**9**	**10**	11	12

勺嘴鹬

阔嘴鹬 *Limicola falcinellus*

【外部形态】体长约17cm。夏羽头顶黑褐色，眼上具两道白眉，上道较细，下道较粗；贯眼纹黑褐色；上体黑褐色，具白色和淡栗色羽缘；腰白色；颏和喉淡色，具褐色纵纹；其余下体为白色，前颈和胸缀灰褐色，具显著的褐色纵纹，并与白色腹部明显分开。冬羽与夏羽相似，缺栗色。嘴黑色，尖端向下弯曲，基部缀有黄色。脚短，灰黑色。

【栖息生境】泥滩、沼泽湿地。

【生态习性】常单只、成对或成小群活动。非繁殖期有时也集成大群。喜欢在海边潮间带松软的泥地上活动和觅食。觅食时常将头颈远远的向前伸出，嘴几乎与地面垂直，边行走边啄食，也常常持久地将嘴垂直插入泥中觅食。主要以甲壳类、软体动物、环节动物、昆虫等小型无脊椎动物为食，偶尔也吃植物种子等。

【地理分布】繁殖于北欧及西伯利亚，经由东部沿海至台湾、海南岛及广东沿海越冬。

【本地报告】保护区内水域、沼泽、滩涂湿地可见，旅鸟。迁徙期较常见，数量一般。

【遇见月份】

1	2	3	**4**	**5**	6	7	**8**	**9**	**10**	11	12

阔嘴鹬

鹬科 Scolopacidae

流苏鹬 *Philomachus pugnax*

【外部形态】体长雄鸟约28cm，雌鸟约23cm。两性异形。繁殖期雄鸟的头和颈有丰富的饰羽，个体间的颜色差异很大；尾侧有白色覆羽，且较长，几乎抵尾尖；面部裸露，或布满细疣状物。雌鸟体型小，面部无裸区，头和颈无饰羽；上体黑褐色，羽缘黄色或白色；下体白色，颈和胸多黑褐色斑。嘴黑色；雄性嘴在繁殖期为黄、橘黄或粉红色。腿红色或橘黄色。

【栖息生境】泥滩、沼泽湿地。

【生态习性】除繁殖期外常成群活动和栖息。常将整个嘴深入水里啄取食物，甚至把头也浸在水里。主要以软体动物、昆虫、甲壳类等为食，也食水草、杂草籽、水稻和浆果。

【地理分布】繁殖于北欧及亚洲，国内有记录迁徙时见于新疆西部、西藏南部及华东沿海和台湾。少量在广东、福建及香港沿海越冬。

【本地报告】连云港临洪口、如东小洋口有记录，保护区内水域、沼泽、滩涂湿地可见，旅鸟。较少见，数量稀少。

【遇见月份】

1	2	3	4	**5**	6	7	8	**9**	**10**	11	12

流苏鹬

瓣蹼鹬科 Phalarodidae

红颈瓣蹼鹬 *Phalaropus lobatus*

【外部形态】体长约18cm。雌鸟夏羽头和颈暗灰色，眼上有一白色斑；上体暗灰色，肩部具金皮黄色纵带；颏和喉白色；前颈栗红色，并向两侧延伸，然后沿颈侧向上直到眼后，形成一栗红色环带；胸和两肋灰色，胸以下为白色。雄鸟夏羽脸、头顶和胸暗灰褐色，眼上白斑较雌鸟大，通常形成一短的白色眼眉；上体淡褐和具更多的皮黄色羽缘；前颈带斑呈锈褐色或棕红色。冬羽头主要为白色；从眼至眼后有一显著的黑色斑，头顶后部也有一暗色斑。后颈和上体灰色，肩部有不显著的白色纵带；嘴细尖，黑色。脚短，趾具瓣蹼。

【栖息生境】河口水域、沼泽湿地。

【生态习性】喜成群，迁徙和越冬期间常集成大群。善游泳，几乎总是见到在水面上游泳不息。常在浅水处水面不断地旋转打圈，捕食被激起的浮游生物和昆虫。主要以水生昆虫、甲壳类和软体动物等无脊椎动物为食。

【地理分布】国内分布于新疆、青海、东北全境、山东、江苏、福建、广东，冬季有时常见于海南岛、台湾和香港的沿海水域及港湾。

【本地报告】保护区内水域、沼泽、滩涂湿地可见，旅鸟。不常见，数量较少。

【遇见月份】

1	2	3	4	**5**	6	7	**8**	**9**	**10**	**11**	12

红颈瓣蹼鹬

鸥科 Laridae

黑尾鸥 *Larus crassirostris*

【外部形态】体长约48cm。两性相似。夏羽头、颈、腰和尾上覆羽以及整个下体全为白色；背和两翅暗灰色。尾基部白色，端部黑色，并具白色端缘。冬羽和夏羽相似，但头顶至后颈有灰褐色斑。嘴黄色，先端红色，次端斑黑色；脚绿黄色。爪黑色。

【栖息生境】沿海海域、河口湿地。

【生态习性】常成群活动。多见在海面上空飞翔或伴随船只觅食。主要在海面上捕食上层鱼类，也吃虾、软体动物和水生昆虫等。

【地理分布】繁殖于山东及福建沿海。越冬于华南及华东沿海和台湾，于内陆在云南及沿长江有分布。

【本地报告】保护区内水域、沼泽、河口湿地可见，冬候鸟。较常见。

【遇见月份】

1	2	3	4	5	6	7	8	9	10	11	12

普通海鸥 *Larus canus*

【外部形态】体长约45cm。夏羽头、颈白色，背、肩石板灰色；翅上覆羽亦为石板灰色，与背同色；腰、尾上覆羽和尾羽均为纯白色；下体纯白色。冬羽与夏羽相似，唯头顶、头侧、枕和后颈具淡褐色点斑，点斑在枕部有时排列呈纵行条纹，在后颈排列呈横纹。嘴、脚和趾浅绿黄色。

【栖息生境】沿海湿地水域。

【生态习性】最常见的海鸟，在食物丰盛的海域，成群漂浮在水面上，游泳、觅食或低空飞翔。主要以昆虫、软体动物、甲壳类以及耕地里的蠕虫和蛴螬为食；也捕食岸边小鱼。

【地理分布】繁殖于北方地区，迁徙经东北至沿海越冬，辽宁、河北、河南、长江流域、四川、云南、广东、海南岛、台湾等均有分布。

【本地报告】保护区内水域、沼泽、河口湿地可见，冬候鸟。十分常见，数量亦较多。

【遇见月份】

1	2	3	4	5	6	7	8	9	10	11	12

普通海鸥

灰林银鸥 *Larus fuscus*【小黑背银鸥】

【外部形态】体长约60cm。体色大体同织女银鸥，背及翼深灰色，同黑色翼端无明显对比；腿黄色。

【栖息生境】沿海和内陆水域。

【生态习性】大体同织女银鸥。

【地理分布】繁殖于俄罗斯西北部沿海，南方越冬。中国南部沿海冬季常见。

【本地报告】保护区内水域、沼泽、河口湿地可见，旅鸟，较常见。

【遇见月份】

1	2	3	4	5	6	7	8	9	10	11	12

灰林银鸥

织女银鸥 *Larus vegae*【西伯利亚银鸥】

【外部形态】 体长约62cm。夏羽前额长缓而下，头顶平坦。上体浅灰色，背及翼灰色，而非深灰色，同翼端黑色三角形区域对比明显。冬羽头及颈具纵纹，眼区和耳覆羽为黑色，其余部分和夏羽非常相似。嘴黄或黑，腿粉色。

【栖息生境】 沿海和内陆水域。

【生态习性】 松散的群居性鸟类，常几十只或成百只一起活动，喜跟随来往的船舶，索食船中的遗弃物。以动物性食物为主，包括鱼、虾、海星和陆地上的蝗虫、螽斯及鼠类等。

【地理分布】 繁殖于俄罗斯北部和西伯利亚北部，越冬于南方。

【本地报告】 保护区内水域、沼泽、河口湿地可见，冬候鸟，较常见。

【遇见月份】 

织女银鸥

黄腿银鸥 *Larus cachinnans*【黄脚银鸥】

【外部形态】 体长约60cm。体色大体同织女银鸥，体色较淡，背及翼灰色而非深灰色；同翼端黑色的三角形区域对比明显。脚黄色。

【栖息生境】 沿海和内陆水域。

【生态习性】 大体同织女银鸥。

【地理分布】 繁殖于内蒙古东北呼伦贝尔地区，南方越冬。

【本地报告】 保护区内水域、沼泽、河口湿地可见，冬候鸟，较常见。

【遇见月份】 1 2 3 4 5 6 7 8 9 10 11 12

黄腿银鸥

灰背鸥 *Larus schistisagus*

【外部形态】 体长约60cm。头、颈和下体白色，背、肩和翅黑灰色，腰、尾上覆羽和尾白色。冬季头和上胸有褐色纵纹，特别是眼周和后枕较密。飞翔时翅前后缘白色，初级飞羽黑色，末端具白斑。背及翼深灰色，同黑色翼端无明显对比。嘴直，黄色，下嘴先端有红色斑，脚粉色。

【栖息生境】 沿海和内陆水域。

【生态习性】 成小群活动，有时也集成大群。以鱼类、软体动物、环节动物、甲壳动物、棘皮动物、雏鸟及卵、昆虫等为食，有时会追逐渔船上抛下的各种废弃物。

【地理分布】 繁殖于西伯利亚东部沿海及日本北部，南迁越冬。国内分布于东北全境，山东、福建和广东沿海、台湾。

【本地报告】 保护区内水域、沼泽、河口湿地可见，冬候鸟，数量不多。

【遇见月份】

1	2	3	4	5	6	7	8	9	10	11	12

渔鸥 *Larus ichthyaetus*

【外部形态】体长约68cm。夏羽头黑色，眼上下具白色斑。后颈、腰、尾上覆羽和尾白色。背、肩、翅上覆羽淡灰色，肩羽具白色尖端。下体白色。冬羽头白色，具暗色纵纹，眼上眼下有星月形暗色斑，其余似夏羽。嘴粗状，黄色，具黑色次端斑和红色尖端；脚和趾黄绿色。

【栖息生境】沿海和内陆水域。

【生态习性】常成小群活动，主要以鱼为食，也吃鸟卵、雏鸟、蜥蜴、昆虫、甲壳类，以及鱼和其它动物内脏等废弃物。

【地理分布】国内繁殖于青海东部、内蒙古等地内陆湖泊，越冬于孟加拉湾。国内东部及南部湖泊地带偶见。

【本地报告】保护区内水域、沼泽、河口湿地可见，迷鸟，罕见。

【遇见月份】

1	2	3	4	5	6	7	8	9	10	11	12

渔鸥

红嘴鸥 *Larus ridibundus*

【遇见月份】

1	**2**	**3**	**4**	**5**	6	7	**8**	**9**	**10**	**11**	**12**

【外部形态】体长约40cm。夏羽头至颈上部咖啡褐色，羽缘微沾黑，眼后缘有一星月形白斑；颏中央白色；颈下部、上背、肩、尾上覆羽和尾白色，下背、腰及翅上覆羽淡灰色。冬羽头白色，头顶、后头沾灰，眼前缘及耳区具灰黑色斑。嘴暗红色，先端黑色。脚和趾赤红色，冬时转为橙黄色。

【栖息生境】沿海和内陆水域。

【生态习性】常成群活动，浮于水面或立于漂浮木或固定物上，也常在空中盘旋飞行。主要以小鱼、虾、水生昆虫、甲壳类、软体动物等水生无脊椎动物为食，也吃蝇、鼠类、蜥蜴等小型陆栖动物和死鱼，以及其它小型动物尸体。

【地理分布】国内繁殖在中国西北部天山西部地区及中国东北的湿地。大量越冬在中国东部及南方湖泊、河流及沿海地带。

【本地报告】保护区内水域、沼泽、河口湿地可见，冬候鸟。十分常见。

红嘴鸥

黑嘴鸥 *Larus saundersi*

【外部形态】 体长约33cm。夏羽头黑色，眼上和眼下具白色星月形斑，在黑色的头上极为醒目；颈、腰、尾上覆羽、尾和下体白色；初级飞羽末端具黑色斑点。冬羽和夏羽相似，但头白色，头顶有淡褐色斑，耳区有黑色斑点。嘴黑色，脚红色。

【栖息生境】 沿海和内陆水域。

【生态习性】 常成小群活动，飞行非常轻盈。主要以昆虫、昆虫幼虫、甲壳类、蠕虫等水生无脊椎动物为食。常成小群在一起营巢，通常营巢于开阔的沿海滩涂地带，特别是生长有碱蓬等低矮盐碱植物、不受潮水影响的无水盐碱地上或河口泥质滩涂。

【地理分布】 国内繁殖于辽宁、河北、山东及江苏盐城，越冬分布于南部沿海包括香港。

【本地报告】 保护区内水域、沼泽、河口湿地可见，留鸟，较为常见。

【遇见月份】

1	2	3	4	5	6	7	8	9	10	11	12

遗鸥 *Larus relictus*

【外部形态】体长约45cm。夏羽头部深棕褐色至黑色，上沿达后颈，下沿至下喉及前颈，深棕褐色由前向后逐渐过渡成纯黑色，与白色颈部相衔接；眼的上、下方及后缘具有显著的白斑，颈部白色；背淡灰色；腰、尾上覆羽和尾羽纯白色；体侧、下体均纯白色。冬羽头白色，头侧耳覆羽具一暗黑色斑，后颈亦呈暗黑色，形成一横向带斑，直至颈侧基部。嘴和脚暗红色。

【栖息生境】沿海和内陆水域。

【生态习性】常成群活动，飞行非常轻盈。主要以水生昆虫和水生无脊椎动物等为食。

【地理分布】繁殖在亚洲中部和中北部湖泊；迁徙途经东部沿海地区，渤海西海岸为主要越冬地之一。有记录作为偶见或冬候鸟在中国南海近香港出现。

【本地报告】保护区内水域、沼泽、河口湿地可见，旅鸟，少数个体越冬，不常见。

【遇见月份】

1	2	3	4	5	6	7	8	9	10	11	12

遗鸥

燕鸥科 Sternidae

红嘴巨燕鸥 *Sterna caspia*【红嘴巨鸥】

【外部形态】体长约50cm。夏羽顶冠深黑，羽白，两翼具褐色杂点，有着典型的叉尾；冬羽顶冠白并具纵纹。嘴大，呈红色，嘴尖偏黑；脚黑色。

【栖息生境】沿海和内陆水域。

【生态习性】经常结群活动，喜吃昆虫，常见从空中潜入水中捕食小型鱼类和甲壳动物等。

【地理分布】国内繁殖于沿海从渤海至海南及长江上游；北方迁徙鸟及南方留鸟同在华南、东南、云南、台湾及海南岛越冬。

【本地报告】保护区内水域、沼泽、河口湿地可见，旅鸟。不常见。

【遇见月份】

1	2	3	4	5	6	7	8	9	10	11	12

红嘴巨燕鸥

鸥嘴噪鸥 *Gelochelidon nilotica*

【外部形态】 体长约40cm。夏羽额、头顶、枕和头的两侧从眼和耳羽以上黑色；背、肩、腰和翅上覆羽珠灰色；后颈、尾上覆羽和尾白色，中央一对尾羽珠灰色；尾呈深叉状。冬羽头白色，头顶和枕缀有灰色，并具不明显的灰褐色纵纹；眼前有一小的黑色条纹；耳区有一烟灰色黑斑；后颈白色。嘴和脚黑色。

【栖息生境】 沿海和内陆水域。

【生态习性】 单独或成小群活动。频繁地在水面低空飞翔，两翅振动缓慢。发现水中食物时，则突然垂直插入水中捕食，而后又直线升起。主要以昆虫、昆虫幼虫、蜥蜴和小鱼为食，也吃甲壳类和软体动物。

【地理分布】 国内繁殖于新疆、内蒙古、陕西，迁徙期多见于东部沿海；在福建、广东越冬。

【本地报告】 保护区内水域、沼泽、河口湿地可见，旅鸟。迁徙期较常见。

【遇见月份】

1	2	3	4	5	6	7	8	9	10	11	12

大凤头燕鸥 *Thalasseus bergii*

【外部形态】 体长约45cm。夏羽前额和眼先白色，头顶至枕黑色，黑色羽毛向后延长，形成冠羽。背、肩、翅和尾等上体暗珠灰色；尾暗珠灰色，外侧尾羽较长，且逐渐变尖，尾呈叉状；颏、喉、颈和下体，包括腋羽和翅下覆羽白色。冬羽和夏羽大致相似，但头顶缀有白色纵纹。嘴黄色，脚黑色。

【栖息生境】 沿海水域、岛屿。

【生态习性】 频繁在海面上空飞翔，搜寻食物，飞翔时双翅扇动缓慢，嘴垂直向下。有时漂浮在海面上，也常常降落于岩礁上休息。以鱼类为主要食物，也取食甲壳类、软体动物等。

【地理分布】 国内主要分布在华南、东南沿海及南海海域。

【本地报告】 保护区内有历史记录，近年无发现，迷鸟。

【遇见月份】

1	2	3	4	5	6	7	8	9	10	11	12

大凤头燕鸥

粉红燕鸥 *Sterna dougallii*

【遇见月份】

1	2	3	4	5	6	7	8	9	10	11	12

【外部形态】 体长约39cm。夏羽额、头顶、枕黑色，后颈白色；背珠灰色，腰和尾上覆羽较淡，几近白色，尾纯白；颏、喉和下体白色，有时微缀粉红色。冬羽前额和头顶前部白色，头顶前部具黑色纵纹，其余羽色似夏羽，下体粉红色不见。嘴红色，尖端黑色，脚和趾鲜红色。

【栖息生境】 沿海和内陆水域。

【生态习性】 在浅水处或在海面上空飞翔，搜寻食物。飞翔时双翅频繁扇动，也常常降落于岩礁上休息。以小型鱼类为主要食物，也取食昆虫和海洋无脊椎动物等。

【地理分布】 繁殖于福建、广东、浙江及台湾南部的海上岛屿；越冬于海上、大洋洲，偶见于中国南海。

【本地报告】 江苏沿海有历史记录，近年无发现，迷鸟，罕见。

粉红燕鸥

燕鸥科 Sternidae

普通燕鸥 *Sterna hirundo*

【外部形态】 体长约35cm。夏羽从前额经眼到后枕的整个头顶部黑色，背、肩和翅上覆羽鼠灰色或蓝灰色；颈、腰、尾上覆羽和尾白色；外下体白色，胸、腹沾葡萄灰色。冬羽和夏羽相似，但前额白色；头顶前部白色而具黑色纵纹。嘴冬季黑色，夏季嘴基红色；脚偏红，冬季较暗。

【栖息生境】 沿海和内陆水域。

【生态习性】 常呈小群活动。频繁地飞翔于水域和沼泽上空，飞行轻快。有时也飘浮于水面。主要以小鱼、虾、甲壳类、昆虫等小型动物为食。

【地理分布】 繁殖于东北及华北北部地区，南方越冬。

【本地报告】 保护区内水域、沼泽、河口湿地可见，旅鸟。迁徙期较常见。

【遇见月份】

1	2	3	4	5	6	7	8	9	10	11	12

白额燕鸥 *Sterna albifrons*

【外部形态】 体长约25cm。夏羽自上嘴基沿眼先上方达眼和头顶前部的额为白色，头顶至枕及后颈均黑色；背、肩、腰淡灰色，尾上覆羽和尾羽白色；眼先及穿眼纹黑色，在眼后与头及枕部的黑色相连；颏、喉及整个下体全为白色。冬羽与夏羽相似，头顶白色向后方扩大，黑色变淡变窄向后退缩。夏季嘴黄色，尖端黑色；冬季嘴黑色，基部黄。夏季脚橙黄色，冬季黄褐色或暗红色。

【栖息生境】 沿海和内陆水域。

【生态习性】 常成群结队活动，与其他燕鸥混群。振翼快速，常作徘徊飞行，潜水方式独特，入水快，飞升也快。以鱼虾、水生昆虫、水生无脊椎动物为主食。单对或成小群繁殖。营巢于海岸、岛屿、河流与湖泊岸边裸露的沙地、沙石地或河漫滩上，或在水域附近盐碱沼泽地上营巢。巢甚简陋。

【地理分布】 国内繁殖于中国大部地区，从东北至西南及华南沿海和海南岛。内陆沿海均有繁殖。

【本地报告】 保护区内水域、沼泽、河口湿地可见，夏候鸟。常见。

【遇见月份】

1	2	3	4	5	6	7	8	9	10	11	12

燕鸥科 Sternidae

黑枕燕鸥 *Sterna sumatrana*

【外部形态】 体长约30cm。自眼前近嘴基处开始有一条黑带穿过眼到后枕相连，并向下扩展，在枕和后颈形成大块黑斑，其余头部白色，后颈基部有一条白色领圈，位于后枕黑色和上背灰色之间；背、肩和翅上覆羽淡灰色；腰、尾上覆羽和尾白色；下体白色。冬羽和夏羽相似，但枕部黑色带斑少而窄。嘴和脚黑色。

【栖息生境】 沿海水域。

【生态习性】 典型的海洋鸟类，常成群活动。频繁地在海面上空飞翔，休息时多栖息于岩石或沙滩上。主要以小鱼为食。也以甲壳类、浮游生物和软体动物等海洋动物为食。

【地理分布】 繁殖于东南及华南沿海的海上岩礁及岛屿，香港、台湾、海南岛可见。

【本地报告】 保护区有历史记录，近年记录很少，旅鸟，罕见。

【遇见月份】

1	2	3	4	5	6	7	8	9	10	11	12

黑枕燕鸥

白翅浮鸥

白翅浮鸥 *Chlidonias leucoptera*

【外部形态】 体长约23cm。夏羽头、颈、背和下体黑色。冬羽额、前头和颈侧白色。头顶黑色而杂有白点。从眼至耳区有一黑色带斑，并常和头顶黑斑相连。颏、喉白色而杂有黑色斑点。背、腰灰黑色。下体白色，微沾灰黑色。嘴红色，冬季黑色。脚红色，冬季暗紫红色。

【栖息生境】 沿海和内陆水域。

【生态习性】 常成群活动。多在水面低空飞行，觅食时往往能通过频频鼓动两翼，使身体停浮于空中观察，发现食物，即刻冲下捕食。休息时多停栖于水中石头、电柱、木桩上或地上。主要以小鱼、虾、昆虫、昆虫幼虫等为食。有时也在地上捕食蝗虫和其它昆虫。营群巢。通常营巢于湖泊和沼泽中水生植物堆上。

【地理分布】 国内繁殖于新疆（天山）、内蒙古、东北全境；在长江以南沿海越冬。

【本地报告】 保护区内水域、沼泽、河口湿地可见，旅鸟，有些个体繁殖。迁徙期较常见。

【遇见月份】

1	2	3	4	5	6	7	8	9	10	11	12

灰翅浮鸥 *Chlidonias hybrida*【须浮鸥】

【外部形态】体长约25cm。夏羽前额自嘴基沿眼下缘经耳区到后枕的整个头顶部黑色；肩灰黑色；背、腰、尾上覆羽和尾鸽灰色；颏、喉和眼下缘的整个颊部白色；前颈和上胸暗灰色，下胸、腹和两肋黑色。冬羽前额白色，头顶至后颈黑色，具白色纵纹；从眼前经眼和耳覆羽到后头，有一半环状黑斑；其余上体灰色，下体白色。嘴和脚淡紫红色。

【栖息生境】沿海和内陆水域。

【生态习性】常成群活动。频繁地在水面上空振翅飞翔。飞行轻快而有力，有时能在空中悬停。主要以小鱼、虾、水生昆虫等水生脊椎和无脊椎动物为食。营群巢。通常营巢于湖泊和沼泽中水生植物堆上。

【地理分布】国内繁殖于内蒙古、吉林、河北、山西、宁夏以南、四川、云南以东的东部大部地区。

【本地报告】保护区内水域、沼泽、河口湿地可见，夏候鸟，十分常见。

【遇见月份】

1	2	3	4	5	6	7	8	9	10	11	12

海雀科 Alcidae

扁嘴海雀 *Synthliboramphus antiquus*

【外部形态】体长约25cm。体羽黑白二色。夏羽前额至后颈、颏、喉和头侧等整个头部黑色。眼周有一圈白色，颈侧下部白色；眼上后方有一条由细小的白色羽毛形成的白色带斑，向后延伸至枕部；背灰色；上背两侧有白色纵纹；胸、腹和尾下覆羽白色。冬羽和夏羽相似，但上体较褐。嘴短，呈圆锥状，白色。冬季淡红色，跗跖淡灰色。

【栖息生境】近海水域。

【生态习性】成小群活动，频繁地在水面游泳和潜水，沉水较低。主要以海洋无脊椎动物和小鱼为食。

【地理分布】国内在山东沿海岛屿有繁殖记录，主要越冬于中国南部沿海地区。

【本地报告】连云港近海岛屿有分布，保护区有历史记录，旅鸟，不常见。

【遇见月份】

1	2	3	4	5	6	7	8	9	10	11	12

扁嘴海雀

彩鹬科 Rostratulidae

彩鹬 *Rostratula benghalensis*

【外部形态】体长约25cm。雌鸟较雄鸟艳丽。雄鸟眼先、头顶至枕黑褐色，头顶中央有一黄色中央冠纹；眼周围一圈黄白色纹，并向眼后延伸形成一短柄状。雌鸟头顶暗褐色，头顶中央具皮黄色或红棕色中央冠纹；眼周具一白色圈环，并向后延伸形成一短柄。颈部棕红色，头侧栗红色。上体具金属铜绿色光泽，在背两侧各形成一条金黄色纵带。嘴黄褐色或红褐色，基部绿褐色，脚橄榄绿褐色或灰绿色。

【栖息生境】沼泽草地及稻田。

【生态习性】性隐秘而胆小，多在晨昏和夜间活动，白天多隐藏在草丛中，受惊时通常也一动不动地隐伏着。飞行速度较慢，飞行时两脚下垂，飞不多远又落下。在开阔地区则快速奔跑。也能游泳和潜水。主要以昆虫、蟹、虾、蛙、蚯蚓、软体动物、植物叶、芽、种子和谷物等各种小型无脊椎动物和植物性食物为食。一雌多雄制，营巢于浅水外芦苇丛或水草丛中，也在水稻田中营巢。

【地理分布】国内留居于西南和沿海地区，西自云南西部、西藏南部、四川中部，东抵长江下游、台湾，南至海南岛，夏季往北延伸至陕西、华北东部和东北辽宁。

【本地报告】保护区有历史记录，但近年无野外记录，夏候鸟，罕见。

【遇见月份】

1	2	3	4	5	6	7	8	9	10	11	12

姬鹬 *Lymnocryptes minimus* 鹬科

【外部形态】 体长约18cm。头顶黑褐色。宽阔的黄色和皮黄色眉纹中央有一黑线，将眉纹分隔成两端连结，中部分开的双眉。眼先有一粗的黑纹从嘴基到眼，耳羽的黑色。其余脸部、头侧、颏、喉皮黄白色。后颈呈褐色和灰褐色斑杂状，并具淡色斑点。上肩、腰和尾黑褐色，富有光泽和缀有相当多的紫色和绿色，与四条平行的淡金黄皮黄色纵纹形成鲜明对比。前颈和胸浅灰色，具褐色纵纹；两肋也具褐色纵纹。其余下体白色。嘴暗粉红褐色或灰黄色，尖端黑色。脚淡绿色或暗黄绿色和粉红褐色。

【栖息生境】 沼泽湿地、稻田。

【生态习性】 常单独在夜间和黄昏活动。白天多藏匿在草丛或灌木丛中，一般很难见到。受惊后常蹲伏于地，一动不动，直到危险迫近时，才突然从脚下冲出飞逃。通常飞不多远又很快落入草丛。主要以蠕虫、昆虫、昆虫幼虫和软体动物为食。多在晚间或黄昏与黎明时候觅食。

【地理分布】 国内迁徙时由中国东北经东部沿海，河北北戴河、北京延庆有记录，少量不定期地在广东南部和香港越冬，偶见于台湾。另有一群在新疆西部喀什及天山地区越冬。

【本地报告】 保护区有历史记录，但野外极为罕见，旅鸟。

【遇见月份】

1	2	3	4	**5**	6	7	8	9	10	**11**	12

孤沙锥 *Gallinago solitaria* 鹬科

【外部形态】 体长约29cm。头具明显的纵向带斑，中央冠纹、眉纹、颊黄白色。贯眼纹、颊纹黑褐色。颈、背、肩与翼上覆羽褐色沾棕，背、肩上有4条白色纵向带斑。上胸褐色，腹部和尾下覆羽灰白色，横纹较浓重。与其他沙锥相比，色较暗，脸上条纹偏白而非皮黄色，嘴橄榄褐色，嘴端色深；脚橄榄色。

【栖息生境】 山区溪流、湿地。

【生态习性】 数量少，性孤僻单只或成对活动。以蠕虫、昆虫、甲壳类、植物为食。

【地理分布】 国内繁殖于东北各省，越冬在长江流域及广东。

【本地报告】 保护区内可能在滩涂有分布，近年未见野外记录，冬候鸟。

【遇见月份】

1	2	3	4	5	6	7	8	9	10	11	12

小滨鹬 *Calidris minuta* 鹬科

【外部形态】 体小长约14cm。夏羽头顶淡栗色，具黑褐色纵纹，眉纹白色，眼先暗色；耳羽缀有淡栗色；头侧和后颈淡栗色而具褐色纵纹；上体淡栗色，肩部两侧各有一条乳白色线；腰黑褐色；下体颏、喉白色，上胸和颈侧淡栗色，具暗褐色条纹或斑点，其余下体白色。冬羽上体和胸褐灰色，其余下体白色。嘴黑色，脚黑色。

【栖息生境】 泥滩、沼泽湿地。

【生态习性】 常成群活动。特别是迁徙期间常集成大群。主要啄食水生昆虫、昆虫幼虫、小型软体动物和甲壳动物，常在水边浅水处涉水啄食。

【地理分布】 繁殖于北欧及西伯利亚苔原地带，国内为罕见迁徙过境鸟。于香港、北戴河(河北)也有过记录。中国其他地方状况不详。

【本地报告】 保护区内水域、沼泽、滩涂湿地可见，旅鸟，罕见。

【遇见月份】

1	2	3	**4**	**5**	6	7	8	**9**	**10**	11	12

北极鸥 *Larus hyperboreus* 鸥科

【外部形态】 体长约71cm。成鸟夏羽头、颈、腰、尾羽均纯白色，背、肩部及翼上覆羽均为银灰色。冬羽头、颈部纯白，其上密布灰褐色细状纵纹，后颈杂以暗褐色较宽的斑纹，其余与繁殖羽相似。嘴黄色，下嘴先端有红斑，尖端黑色，脚粉红色。

【栖息生境】 沿海湿地水域。

【生态习性】 常成对或成小群活动在苔原湖泊、海岸岩石和沿海上空。飞翔能力强，也善游泳，在地上行走也很快。主要以鱼、水生昆虫、甲壳类和软体动物等为食，也吃雏鸟、鸟卵。

【地理分布】 繁殖于北极地区，越冬南迁。国内为不常见冬候鸟，在东北各省、河北、山东、江苏及广东有记录。

【本地报告】 保护区内水域、沼泽、河口湿地可见，旅鸟。较罕见。

【遇见月份】

1	2	3	4	5	6	7	8	9	10	11	12

小鸥 *Larus minutus* 鸥科

【外部形态】 体小长约26cm。夏羽头黑色，后颈、腰、尾上覆羽和尾白色，尾微沾灰色；背、肩、翅上覆羽和飞羽上表面淡珠灰色，飞羽尖端白色而无黑色，下体白色，微缀玫瑰色；翅下表面黑色，翅尖和翅后缘白色。冬羽头白色，头顶和枕有一黑色斑，其余似夏羽。嘴细、暗红色，脚红色。

【栖息生境】 沿海和内陆水域。

【生态习性】 常成群活动。多数时候在水面的上空飞翔，飞行轻快。主要以昆虫、昆虫幼虫、甲壳类和软体动物等无脊椎动物为食。觅食主要在水面上，也在飞行中捕食昆虫，有时也在陆地上觅食。

【地理分布】 国内繁殖于内蒙古东北部额尔根河，大兴安岭呼中地区，据报道迁徙时经过新疆西部天山、河北(北戴河)、江苏(镇江)，香港有记录。

【本地报告】 保护区有过历史记录，近年野外未发现，旅鸟，罕见。

【遇见月份】

1	2	3	4	5	6	7	8	9	10	11	12

三趾鸥 *Rissa tridactyla* 鸥科

【外部形态】 体长约40cm。夏羽头、颈和上背白色，背、翅上覆羽和腰灰色。肩灰色，羽缘和尖端白色；尾上覆羽和尾白色。冬羽和夏羽基本相似，但头顶和枕淡灰色，头顶有不明显的灰色纵纹。后颈和翕前部灰色，带有暗色羽尖。嘴黄色或黄绿色，脚黑色。

【栖息生境】 沿海和内陆水域。

【生态习性】 常成群活动。频繁地在海面上空飞翔，或荡漾于海面上。主要以小鱼为食，也吃甲壳类和软体动物。

【地理分布】 繁殖于极地周围。国内有报道在辽宁（旅顺）、河北、江苏、四川、云南及香港越冬。

【本地报告】 保护区有历史记录，近年无野外记录，冬候鸟，罕见。

【遇见月份】

1	2	3	4	5	6	7	8	9	10	11	12

乌燕鸥 *Sterna fuscata* 燕鸥科

【外部形态】 体长约44cm。夏羽前额白色从嘴基沿眼先直到眼上缘；头顶、枕黑色。贯眼纹黑色，与头顶黑色相连；后颈黑色而杂有白色；背、肩和翅深巧克力褐色；翅前缘白色；下体白色；冬羽和夏羽相似，但头顶具白色纵纹。嘴和脚黑色。

【栖息生境】 海域。

【生态习性】 常成群活动。持久而频繁地在海面上空飞翔，飞行轻快而敏捷，有时在空中翱翔和滑翔，并不断掠过水面捕食。主要以鱼类、甲壳类和头足类等为食。

【地理分布】 海洋性鸟类，广布于海洋热带海域。偶见于中国东南沿海，尤其是台风后出现。

【本地报告】 江苏有历史记录，但近年无发现，迷鸟，极罕见。

【遇见月份】

1	2	3	4	5	6	7	8	9	10	11	12

鸽形目
COLUMBIFORMES

本目鸟类统称鸠鸽类。头小，嘴短细。脚短而强壮，善于在地面小步疾走。栖息于多树木的地方，食物以植物种实为主。多数为留鸟。

保护区分布有1科6种。

鸠鸽科 Columbidae

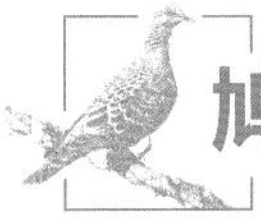

山斑鸠 *Streptopelia orientalis*

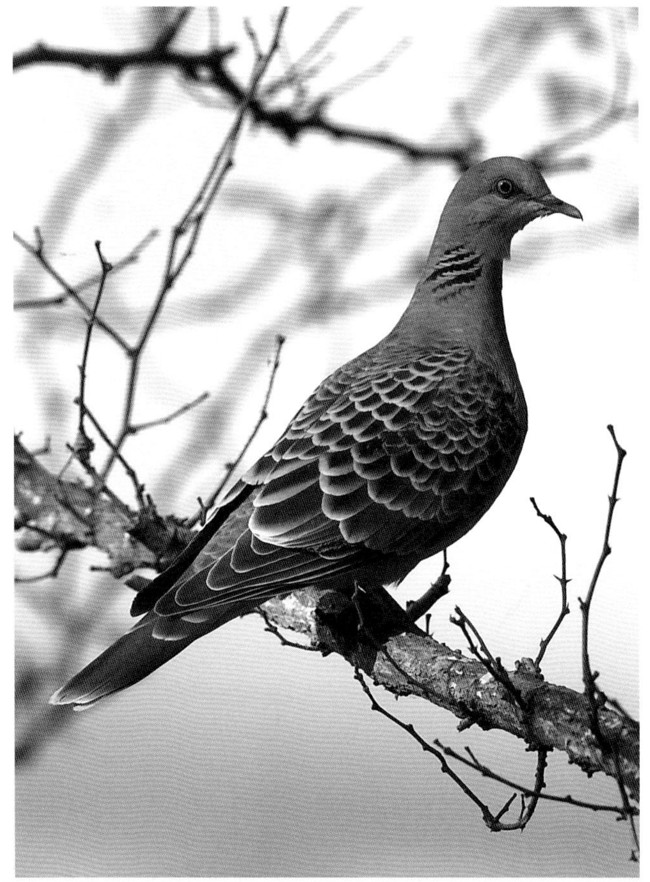

【外部形态】 体长约32cm。前额和头顶蓝灰色，向后转为棕灰色，颈基两侧各有一块羽缘为蓝灰色的黑羽，形成显著黑灰色颈斑。上体褐色，各羽缘为红褐色。下体多偏粉色。嘴褐色，嘴基部被蜡膜，嘴端膨大而具角质；脚较短，红色。

【栖息生境】 林地、村落、公园等。

【生态习性】 多成对或成小群活动。常小步迅速前进，边走边觅食，头前后摆动。飞翔时两翅鼓动频繁，直而迅速，有时滑翔。主要吃各种植物的果实、种子，有时也吃鳞翅目幼虫、甲虫等昆虫。营巢于林中树上，以及宅旁竹林、孤树等，巢甚简陋。

【地理分布】 国内分布从西藏南部至东北大部分地区，北方鸟南下过冬。

【本地报告】 保护区内农田、林地、旷野、村落均有分布，留鸟，常见。

【遇见月份】

1	2	3	4	5	6	7	8	9	10	11	12

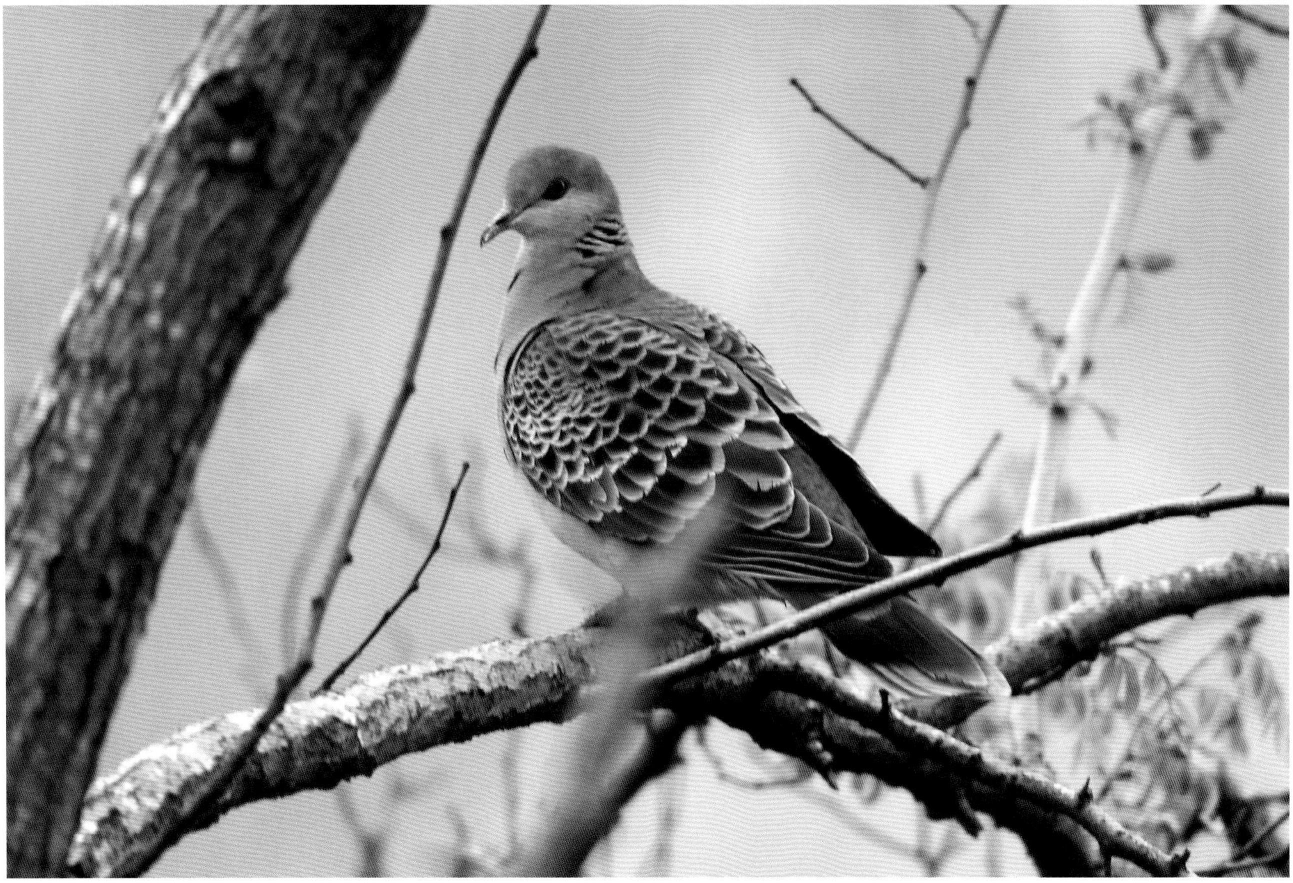

灰斑鸠 *Streptopelia decaocto*

【外部形态】体长约32cm。头前部灰色，向后逐渐转为浅粉红灰色，颈后有半月形黑色颈环。上体淡葡萄色。颏、喉白色，其余下体淡红灰色。嘴近黑色，脚和趾暗红色。

【栖息生境】林地、村落等。

【生态习性】多呈小群或与其他斑鸠混群活动。主要以各种植物果实与种子为食。也吃草籽、农作物谷粒和昆虫。通常营巢于小树上或灌丛中。

【地理分布】国内分布于华中、华南各地。

【本地报告】保护区内林地、旷野、村落可见，留鸟，偶见。

【遇见月份】

1	2	3	4	5	6	7	8	9	10	11	12

灰斑鸠

珠颈斑鸠

珠颈斑鸠 *Streptopelia chinensis*

【外部形态】体长约30cm。头鸽灰色；枕、头侧和颈粉红色，后颈有一大块黑色领斑，其上布满白色珠状细小斑点。上体余部褐色，羽缘较淡。下体粉红色。嘴深褐色，似山斑鸠，脚和趾紫红色。

【栖息生境】林地、村落、公园等。

【生态习性】常成小群活动，有时也与山斑鸠等混群活动。主要以植物种子为食，特别是农作物种子。营巢于树上（偶尔也在地面或者建筑上），巢甚简陋。

【地理分布】国内除东北、西北一些地区外，均有分布。

【本地报告】保护区内农田、林地、旷野、村落可见，留鸟。常见。

【遇见月份】

1	2	3	4	5	6	7	8	9	10	11	12

鸠鸽科 Columbidae

火斑鸠 *Streptopelia tranquebarica*

【遇见月份】

1	2	3	**4**	**5**	**6**	**7**	**8**	**9**	**10**	11	12

【外部形态】 体长约23cm。雄鸟头蓝灰色，或蓝灰白色，后颈基部有一黑色领环；上体葡萄红色；颏和喉上部白色，下体淡葡萄红色。雌鸟后颈基处黑色领环较细窄；其余上体深土褐色，下体浅土褐色，略带粉红色。嘴黑色，基部较浅淡，脚褐红色。

【栖息生境】 林地、村落、公园等。

【生态习性】 常成对或成群活动，有时亦与山斑鸿和珠颈斑鸠混群。喜欢栖息于电线上或高大的枯枝上。主要以植物浆果、种子和果实为食，也吃白蚁、蛹和其它昆虫等动物性食物。营巢于低山或山脚丛林和疏林中，巢多置于隐蔽较好的低枝上。

【地理分布】 国内除东北和西北一些地区外均有分布。

【本地报告】 保护区内农田、林地、旷野、村落可见，留鸟，繁殖期较常见。

鸥斑鸠 *Streptopelia turtur* 鸠鸽科

【外部形态】 体长约27cm。体羽粉褐色为主。眼周裸露皮肤红色。额、头顶至后颈蓝灰色，颈侧具黑白色细纹的斑块。上体浅褐色，具浅棕色羽缘。尾暗褐色，具窄的白色端斑。下体淡葡萄酒白色。嘴灰黑色，脚紫红色。

【栖息生境】 林地、村落等。

【生态习性】 常单只或成对活动。白天多数时间都在树上栖息和活动，仅觅食和喝水时才下到地面。多见早晨在开阔的地上、林间空地和路边觅食。主要以各种植物的果实和种子为食，也吃少量动物性食物。

【地理分布】 国内分布新疆、甘肃等地。

【本地报告】 保护区内有历史记录，近年未见，迷鸟。

【遇见月份】

1	2	3	4	5	6	7	8	9	10	11	12

红翅绿鸠 *Treron sieboldii* 鸠鸽科

【外部形态】 体长约33cm。雄鸟头橄榄色，颈部较灰；其余上体为橄榄绿色，翅上并有大块的紫红栗色斑；喉亮黄色，胸黄色沾棕，腹部和其余下体淡棕黄色。雌鸟与雄鸟相似，但颏部、喉部为淡黄绿色，头顶和胸部没有棕橙色，背部和翅膀上也没有栗红色，均被暗绿色所取代。嘴灰蓝色，端部较暗，脚淡紫红色。

【栖息生境】 林地等。

【生态习性】 常成小群或单独活动。飞行快而直，能在飞行中突然改变方向，飞行时两翅扇动快而有力。主要以浆果为食，也吃其他植物的果实与种子。营巢于山沟或河谷边的树上，巢甚简陋。

【地理分布】 国内分布于江苏、浙江、福建、台湾等地区。

【本地报告】 保护区有历史记录，近年未见，留鸟。

【遇见月份】

1	2	3	4	5	6	7	8	9	10	11	12

鹃形目
CUCULIFORMES

本目鸟类常统称为杜鹃类。大多数为森林鸟类，树栖性，独居而不结群。嘴形尖而微拱曲，脚为对趾型。食物主要为昆虫等小型动物。很多种类具有巢寄生习性。

保护区分布有1科9种。

杜鹃科 Cuculidae

红翅凤头鹃 *Clamator coromandus*

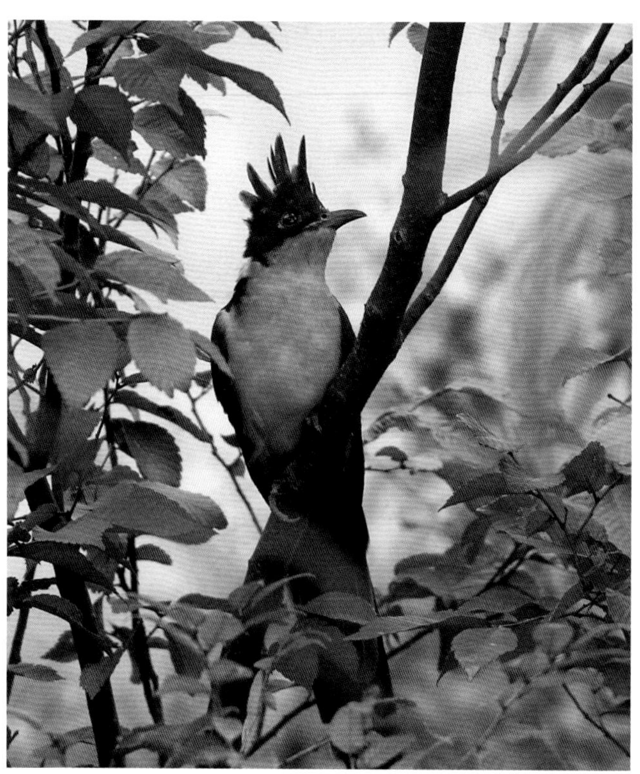

【外部形态】 体长约45cm。头上有长的黑色羽冠。头顶、头侧及枕部也为黑色而具蓝色光泽。后颈白色，形成一个半领环；上体黑色而具金属绿色光彩。颏、喉和上胸淡红褐色；下胸和腹白色。嘴黑色，脚铅褐色。

【栖息生境】 低矮灌木林。

【生态习性】 多单独或成对活动，常活跃于高而暴露的树枝间。飞行快速，主要以毛虫、甲虫等昆虫为食。偶尔也吃植物果实。不营巢，通常将卵产于画眉、黑脸噪鹛和鹊鸲等鸟巢中。

【地理分布】 国内分布于南部地区，北至甘肃、陕西、江苏；西至四川、云南。

【本地报告】 保护区内林地、旷野可见，夏候鸟，偶见。

【遇见月份】

1	2	3	4	5	6	7	8	9	10	11	12

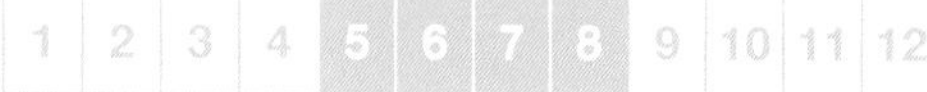

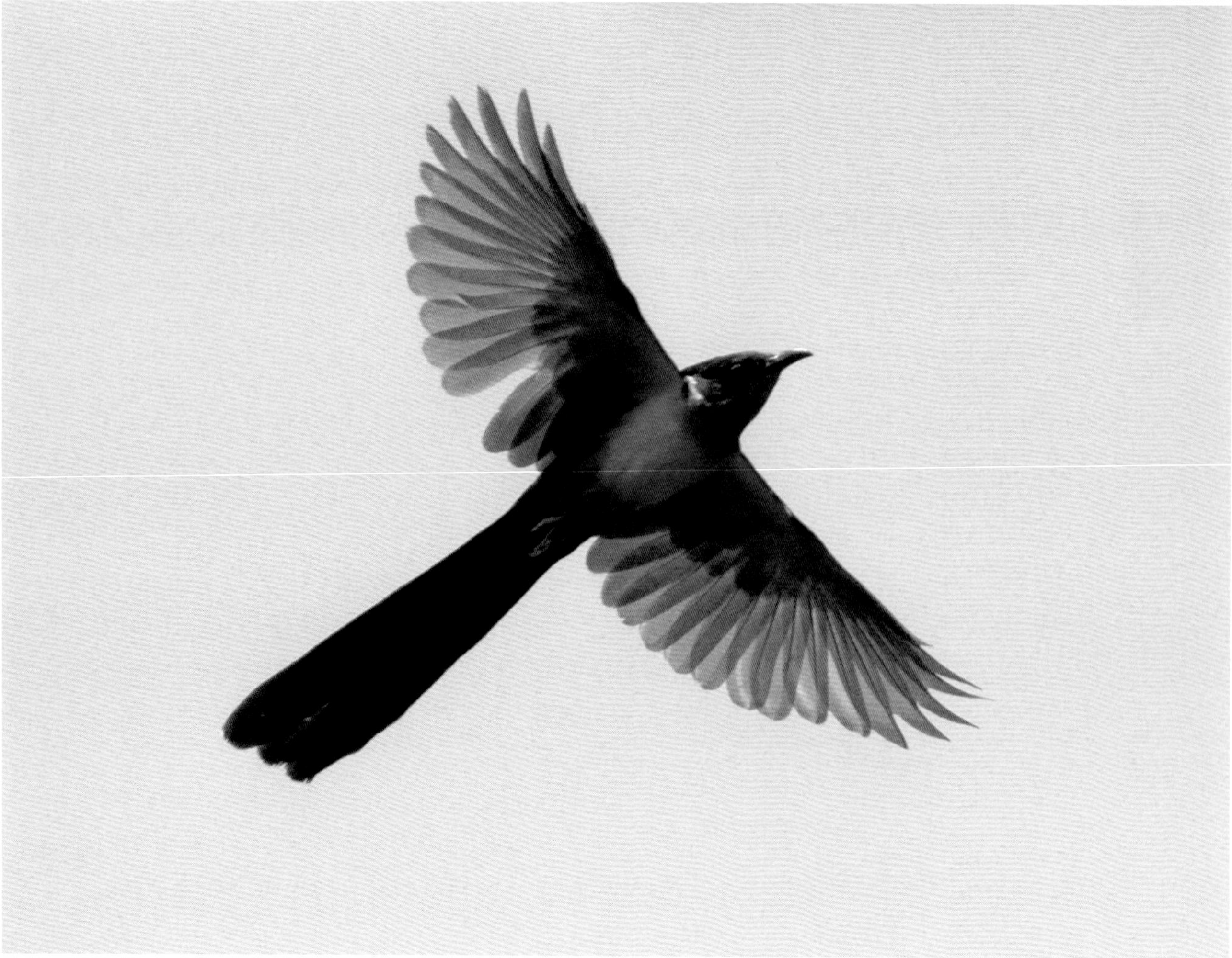

大鹰鹃

大鹰鹃 *Cuculus sparverioides*【鹰鹃】

【外部形态】 体长约40cm。头和颈侧灰色，眼先近白色。上体灰褐色。尾灰褐，具五道暗褐色和三道淡灰棕色带斑。颏暗灰色至近黑色，有一灰白色髭纹。其余下体白色。嘴强，嘴峰稍向下曲，暗褐色，脚橙色至角黄色。

【栖息生境】 开阔林地。

【生态习性】 常单独活动，多隐藏于树顶部枝叶间鸣叫。或穿梭于树干间，由一棵树飞到另一棵树上。飞行时先是快速拍翅飞翔，然后又滑翔。鸣声清脆响亮，为三音节。主要以昆虫为食，特别是鳞翅目幼虫、蝗虫、蚂蚁和鞘翅目昆虫。不营巢，常将卵产于喜鹊等鸟巢中。

【地理分布】 国内分布于西藏南部、华中、华东、东南、西南及海南岛等地。

【本地报告】 保护区内村落、林地、旷野、沼泽湿地可见，夏候鸟，常见。

【遇见月份】

1	2	3	4	5	6	7	8	9	10	11	12

棕腹杜鹃 *Cuculus fugax*

【外部形态】 体长约28cm。头灰褐色；上体石板灰色；尾淡灰褐色，具数道黑褐和浅棕横斑，以及宽阔的黑色次端斑和棕红色端斑。颏灰，喉灰白，胸、上腹和两肋棕红色，下腹和尾下覆羽白色。上嘴角黑色，基部及下嘴角绿色，脚亮黄色。

【栖息生境】 林地。

【生态习性】 性机警而胆怯，常躲在树上枝叶间鸣叫。鸣声尖锐，不断反复鸣叫，有时夜晚也鸣叫。主要以松毛虫、毛虫、尺蠖等昆虫为食。不营巢，通常产卵于鹟类和鸫类巢中。

【地理分布】 国内分布于东北及整个南部地区。

【本地报告】 保护区内村落、林地可见，夏候鸟，罕见。

【遇见月份】

1	2	3	4	5	6	7	8	9	10	11	12

棕腹杜鹃

四声杜鹃 *Cuculus micropterus*

【外部形态】 体长约30cm。头顶和后颈暗灰色；头侧浅灰，眼先、颏、喉和上胸等色更浅；上体余部和两翅表面深褐色；尾与背同色，但近端处具一道宽黑斑。下体自下胸以后均白，杂以黑色横斑。上嘴黑色，下嘴偏绿；脚黄色。

【栖息生境】 林地。

【生态习性】 性机警，受惊后迅速起飞。飞行速度较快，每次飞行距离也较远，鸣声四声一度，声音高吭洪亮。主要以昆虫为食，尤其喜吃鳞翅目幼虫，如松毛虫、蛾类等，有时也吃植物种子等少量植物性食物。不营巢，通常将卵产于东方大苇莺、灰喜鹊、黑卷尾等巢中。

【地理分布】 国内夏季广泛分布于东北至西南及东南，海鸟为留鸟。越冬至东亚、东南亚等地。

【本地报告】 保护区内村落、林地、旷野、沼泽湿地可见，夏候鸟，常见。

【遇见月份】

1	2	3	4	5	6	7	8	9	10	11	12

四声杜鹃

大杜鹃

大杜鹃 *Cuculus canorus*

【外部形态】 体长约32cm。头暗银灰色，上体暗灰色，腰及尾上覆羽蓝灰色。颏、喉、前颈、上胸，以及头侧和颈侧淡灰色，其余下体白色，并杂以黑暗褐色细窄横斑，胸及两肋横斑较宽。嘴黑褐色，下嘴基部近黄色，脚棕黄色。

【栖息生境】 林地、芦苇地。

【生态习性】 性孤独，常单独活动。飞行快速而有力，常站在乔木顶枝上鸣叫不息，鸣声响亮，两声一度。不营巢，将卵产于东方大苇莺、灰喜鹊、红尾伯劳、棕头鸦雀、北红尾鸲、棕扇尾莺等各种雀形目鸟类巢中。

【地理分布】 繁殖于欧亚大陆，迁徙至非洲及东南亚。国内分布从东北至西南的大部分地区。

【本地报告】 保护区内村落、林地、旷野、沼泽湿地可见，夏候鸟。常见。

【遇见月份】

1	2	3	4	5	6	7	8	9	10	11	12

中杜鹃 *Cuculus saturatus*

【外部形态】 体长约26cm。头灰褐色；上体蓝灰褐色。颏、喉、前颈、颈侧至上胸银灰色，下胸、腹和两肋白色，具宽的黑褐色横斑。嘴铅灰色，下嘴灰白色，嘴角黄绿色，脚橘黄色。

【栖息生境】 林地。

【生态习性】 常单独活动，多站在高大而茂密的树上不断鸣叫，有时也边飞边叫。鸣声低沉，两个音节一度。主要以昆虫为食。不营巢，常将卵产于柳莺、鹟莺等雀形目鸟类巢中。

【地理分布】 繁殖于欧亚大陆，迁徙至东南亚。国内分布于从东北至西南的大部分地区。

【本地报告】 保护区内村落、林地、旷野可见，夏候鸟，常见。

【遇见月份】

1	2	3	4	5	6	7	8	9	10	11	12

小杜鹃 *Cuculus poliocephalus*

【外部形态】 体长约26cm。雄鸟头暗灰色，上体灰沾蓝褐色；颏灰白色，喉和下颈浅银灰色，上胸浅灰沾棕，下体余部白色，杂以较宽的黑色横斑。雌鸟头褐色，后颈、颈侧棕色，杂以褐色。上嘴黑色，基部及下嘴黄色，脚为黄色。

【栖息生境】 林地。

【生态习性】 性孤独，常单独活动。性藏匿，常在茂密的枝叶丛中鸣叫，尤以清晨和黄昏鸣叫频繁，鸣声有六个音节组成。主要以昆虫为食。不营巢，通常将卵产于鹪鹩、白腹蓝鹟、柳莺和画眉等鸟类巢中。

【地理分布】 国内夏季见于从东北至西南的大部分地区，越冬于非洲、印度南部及缅甸等地。

【本地报告】 保护区内村落、林地可见，夏候鸟，常见。

【遇见月份】

1	2	3	4	5	6	7	8	9	10	11	12

小杜鹃

褐翅鸦鹃 *Centropus sinensis*

【外部形态】 体长约52cm。头、颈、上背及下体暗色，具紫蓝色光泽和亮黑色羽干纹。下背和尾上覆羽淡黑色，具蓝色光泽；尾黑色，具绿色金属光泽。两翅栗色。嘴黑色，脚黑色。

【栖息生境】 灌木林。

【生态习性】 常单独或成对活动。善于在地面行走，性隐蔽，较小鸦鹃喜更稠茂的灌木丛或草丛。主要以蝗虫、螽斯等昆虫和其它小型动物为食，也吃少量植物果实与种子。

【地理分布】 国内见于长江以南的广大地区。

【本地报告】 保护区内有观鸟记录，可能与小鸦鹃混淆，有待进一步确认，夏候鸟。

【遇见月份】

1	2	3	4	5	6	7	8	9	10	11	12

褐翅鸦鹃

小鸦鹃 *Centropus bengalensis*

【外部形态】体长约42cm。头、颈、上背及下体黑色，具深蓝色光泽和亮黑色羽干纹。下背和尾上覆羽淡黑色，具蓝色光泽；尾黑色，具绿色金属光泽和窄的白色尖端；两翅栗色。下体黑色。嘴黑色，脚铅黑色。

【栖息生境】灌木林。

【生态习性】常单独或成对活动。性机警而隐蔽，稍有惊动，立即奔入稠茂的灌木丛或草丛中。主要以蝗虫、蠡斯等昆虫和其它小型动物为食，也吃少量植物果实与种子。鸣叫声为几声深沉空洞的“hoop”声。

【地理分布】国内夏季见于长江以南的广大地区，台湾和海南为留鸟，越冬至印度、印度尼西亚、菲律宾及东南亚地区。

【本地报告】保护区内村落、林地可见，夏候鸟，较常见。

【遇见月份】

1	2	3	4	5	6	7	8	9	10	11	12

鸮形目
STRIGIFORMES

本目鸟类为夜行性猛禽。头宽大，颈部转动灵活。眼大，向前，周围硬羽毛放射状排列，形成面盘。跗跖被羽毛，爪强壮，通常内爪最长。森林鸟类，树栖性。

保护区分布有2科9种。

草鸮科 Tytonidae

东方草鸮 *Tyto longimembris*

【外部形态】 体长约35cm。面盘灰棕色，呈心脏形，有暗栗色边缘。上体暗褐，具棕黄色斑纹，近羽端处有白色小斑点。飞羽黄褐色，有暗褐色横斑；尾羽浅黄栗色，有四道暗褐色横斑；下体淡棕白色，具褐色斑点。嘴黄褐色，爪黑色。

【栖息生境】 开阔的草地。

【生态习性】 常隐藏在地面上的高草中，有时也在幼松的顶部脆弱的树枝上栖息。以鼠类、蛙、蛇、鸟卵等为食。叫声响亮刺耳。营巢于地面，隐蔽在浓密的草丛或芦苇中。

【地理分布】 国内分布山东、安徽、湖南、贵州、云南等省及以南地区。

【本地报告】 保护区内旷野可见，繁殖季节有过记录，罕见。

【遇见月份】

1	2	3	4	5	6	7	8	9	10	11	12

东方草鸮

鸱鸮科 Strigidae

领角鸮 *Otus lettia*

【外部形态】 体长约24cm。外形与东方角鸮相似，但它后颈基部有一显著的翎领。上体通常为灰褐色或沙褐色，并杂有暗色虫蠹状斑和黑色羽干纹；下体白色或皮黄色，缀有淡褐色波状横斑和黑色羽干纹。嘴角质色沾绿，爪角黄色。

【栖息生境】 林地。

【生态习性】 通常单独活动。夜行性，白天多躲藏在树上浓密的枝叶丛间，晚上开始活动和鸣叫。主要以鼠类、甲虫、蝗虫等为食。营巢于天然树洞内，或利用啄木鸟废弃的旧树洞，偶尔也见利用喜鹊的旧巢。

【地理分布】 国内分布于长江流域及以南大部分地区。

【本地报告】 保护区内村落、林地可见，繁殖季节有过记录，罕见。

【遇见月份】

1	2	3	4	5	6	7	8	9	10	11	12

领角鸮

雕鸮 *Bubo bubo*

【外部形态】体长约69cm。面盘显著，眼的上方有一大形黑斑。翎领黑褐色，羽缘棕色；耳羽特别发达，显著突出于头顶两侧。上体棕褐色，各羽具显著的黑褐色羽干纹。颏白色，胸棕色，具显著的黑褐色羽干纹。下腹中央几纯棕白色。嘴和爪铅灰黑色。

【栖息生境】林地、荒野。

【生态习性】常单独活动。夜行性，白天多躲藏在密林中栖息。主要以各种鼠类为食，也吃兔类、蛙、刺猬、昆虫、雉鸡和其他鸟类。通常营巢于树洞、悬崖峭壁下的凹处或直接产卵于地上。

【地理分布】国内分布于东北、长江流域及以南，西至新疆西藏等地区。

【本地报告】保护区内村落、林地、旷野可见，留鸟，罕见。

【遇见月份】

1	2	3	4	5	6	7	8	9	10	11	12

雕鸮

东方角鸮*Otus sunia*【红角鸮】

【外部形态】体长约20cm。上体灰褐色或棕栗色，有黑褐色虫蠹状细纹。面盘灰褐色，密布纤细黑纹；领圈淡棕色；耳羽基部棕色；头顶至背和翅覆羽杂以棕白色斑。飞羽大部黑褐色，尾羽灰褐，尾下覆羽白色。下体大部红褐至灰褐色，有暗褐色纤细横斑和黑褐色羽干纹。嘴暗绿色，先端近黄色，爪黑色。

【栖息生境】林地、林缘。

【生态习性】通常单独活动。夜行性，白天多躲藏在树上浓密的枝叶丛间，晚上才开始活动和鸣叫。鸣声深沉单调。主要以鼠类、甲虫、蝗虫、鞘翅目昆虫为食。营巢于树洞或岩石缝隙中。

【地理分布】国内主要分布于长江以南一带。

【本地报告】保护区内村落、林地可见，夏候鸟，常见。

【遇见月份】

1	2	3	4	**5**	**6**	**7**	**8**	**9**	**10**	11	12

东方角鸮

日本鹰鸮 *Ninox japonica*

【外部形态】 体长约30cm。无明显的脸盘和翎领，眼先具黑须。前额为白色，上体暗棕褐色，肩部有白色斑。喉部和前颈为皮黄色而具有褐色的条纹，其余下体为白色，有水滴状的红褐色斑点，尾羽上具有黑色横斑和端斑。嘴灰黑色，嘴端黑褐色，跗跖被羽，趾裸出，肉红色，具稀疏的浅黄色刚毛，爪黑色。

【栖息生境】 林地。

【生态习性】 白天大多在树冠层栖息，黄昏和晚上活动。常在黄昏和晚上鸣叫不止。主要以鼠类、小型鸟类和昆虫等为食。通常营巢于天然树洞中，也利用啄木鸟等利用过的洞穴。

【地理分布】 国内分布于东北、长江流域及以南地区。

【本地报告】 保护区内村落、林地可见，夏候鸟，罕见。

【遇见月份】

1	2	3	4	5	6	7	8	9	10	11	12

日本鹰鸮

领鸺鹠

领鸺鹠 *Glaucidium brodiei*

【外部形态】 体长约16cm，国内体型最小的鸮类。面盘不显著，没有耳羽簇。上体灰褐色而具浅橙黄色的横斑，后颈有显著的浅黄色领斑，两侧各有一个黑斑。下体白色，喉部有栗色的斑，两肋有宽阔的棕褐色纵纹和横斑。嘴和趾黄绿色，爪角褐色。

【栖息生境】 林地。

【生态习性】 单独活动。主要在白天活动和觅食。夜晚鸣叫，几乎整夜不停，鸣声较为单调，大多呈4音节的哨声。休息时多栖息于高大的乔木上，并常常左右摆动着尾羽。主要以昆虫和鼠类为食，也吃小型鸟类和其他小型动物。通常营巢于树洞和天然洞穴中，也利用啄木鸟的巢。

【地理分布】 国内分布于南部一带，西达云南、四川，北至甘肃、陕西、河南及安徽、江苏。

【本地报告】 保护区内村落、林地可见，留鸟，偶见。

【遇见月份】

1	2	3	4	5	6	7	8	9	10	11	12

鸱鸮科 Strigidae

长耳鸮 *Asio otus*

【外部形态】体长约36cm。面盘显著，棕黄色，翎领完整，白色而缀有黑褐色。上体棕黄色，而密杂以显著的黑褐色羽干纹。颏白色，其余下体棕白色而具显著的黑褐色羽干纹。腹以下羽干纹两侧具树枝状的横纹。嘴和爪暗铅色，尖端黑色，跗跖和趾密被棕黄色羽。

【栖息生境】林地。

【生态习性】夜行性，白天多躲藏在树林中，常垂直地栖息在树干近旁侧枝上或林中空地的草丛中，黄昏和晚上开始活动。平时多单独或成对活动，但迁徙期间和冬季则常结成群。主要以鼠类为食，也吃小型鸟类、其它哺乳类和昆虫。

【地理分布】国内除西部地区外均有分布。

【本地报告】保护区内村落、林地可见，冬候鸟，不常见。

【遇见月份】

1	2	3	4	5	6	7	8	9	10	11	12

短耳鸮 *Asio flammeus*

【外部形态】体长约38cm。面盘显著，眼周黑色，短小的耳羽簇于野外不可见。上体黄褐，满布黑色和皮黄色纵纹。下体皮黄色，具深褐色纵纹。嘴和爪黑色。跗跖和趾被羽，棕黄色。

【栖息生境】林地、开阔地。

【生态习性】多在黄昏和晚上活动和猎食，但也常在白天活动，平时多栖息于地上或潜伏于草丛中，很少栖于树上。主要以鼠类为食，也吃小鸟、蜥蜴和昆虫，偶尔也吃植物果实和种子。

【地理分布】国内繁殖于中国东北，越冬时见于中国海拔1500m以下大部分地区。

【本地报告】保护区内村落、林地、旷野可见，冬候鸟。偶见。

【遇见月份】

1	2	3	4	5	6	7	8	9	10	11	12

短耳鸮

纵纹腹小鸮 *Athene noctua*

【外部形态】体长约23cm。头顶平，无耳羽簇。浅色眉纹、白色宽髭纹。上体褐色，具白纵纹及点斑。下体白色，具褐色杂斑及纵纹，肩上有两道白色或皮黄色横斑。嘴角质黄色，脚白色、被羽，爪黑褐色。

【栖息生境】村落、开阔地。

【生态习性】部分昼行性，常立于篱笆及电线上，会不停地点头或转动，有时以长腿高高站起，或快速振翅作波状飞行。鸣声拖长而上扬，音多样。主要以昆虫和鼠类为食，也吃小型鸟类、蜥蜴、蛙类等。通常营巢于悬崖的缝隙、岩洞、废弃建筑物的洞穴等处，有时也在树洞或自己挖掘的洞穴中营巢。

【地理分布】国内分布于北方及西部大部分地区。

【本地报告】保护区内村落、林地可见，留鸟。偶见。

【遇见月份】

1	2	3	4	5	6	7	8	9	10	11	12

纵纹腹小鸮

夜鹰目 CAPRIMULGIFORMES

本目鸟类外形近似鸮形目鸟类。头大颈短，体树皮色，具有囊状斑。羽毛松软，飞行无声。眼大。嘴短而基部宽阔，嘴端略具钩。

保护区分布有1科1种。

夜鹰科 Caprimulgidae

普通夜鹰 *Caprimulgus indicus*

【外部形态】 体长约28cm。通体几乎全为暗褐斑杂状，喉具白斑。嘴短阔，偏黑；脚弱，巧克力色。

【栖息生境】 林地。

【生态习性】 单独或成对活动。夜行性，白天多蹲伏于林中草地上或卧伏在阴暗的树干上，故名"贴树皮"。由于体色和树干颜色很相似，很难发现。黄昏和晚上才出来活动。尤以黄昏时最为活跃，不停地在空中回旋飞行捕食。飞行快速而无声。主要以天牛、岔龟子、甲虫、夜蛾、蚊、蚋等昆虫为食。通常营巢于林中树下或灌木旁的地上，巢甚简陋。

【地理分布】 国内繁殖于华东和华南的绝大多数地区。

【本地报告】 保护区内林地可见，夏候鸟。常见。

【遇见月份】

1	2	3	4	5	6	7	8	9	10	11	12

雨燕目
APODIFORMES

本目鸟类体型较小，嘴宽阔平扁。翼尖长，适于快速飞行。善长时间在空中飞行，而很少落地。

保护区分布有1科4种。

雨燕科 Apodidiae

白腰雨燕 *Apus pacificus*

【外部形态】 体长约18cm。头顶至上背具淡色羽缘，下背、两翅表面和尾上覆羽微具光泽，亦具近白色羽缘，腰白色，具细的暗褐色羽干纹，尾叉状。颏、喉白色，具细的黑褐色羽干纹。嘴黑色，脚和爪紫黑色。

【栖息生境】 开阔区域上空飞行。

【生态习性】 喜成群，常成群地在栖息地上空来回飞翔。飞行速度甚快，常边飞边叫，声音尖细。主要以各种昆虫为食，飞行中捕食。

【地理分布】 国内繁殖于东北、华北、华东、西藏东部及青海，有记录迁徙时见于南方地区、台湾、海南岛及新疆西北部。

【本地报告】 保护区内迁徙季节可见，旅鸟，偶见。

【遇见月份】

1	2	3	4	5	6	7	8	9	10	11	12

白腰雨燕

小白腰雨燕 *Apus affinis*

【外部形态】 体长约15cm。背和尾黑褐色，微带蓝绿色光泽。尾为平尾，中间微凹。腰具白色，羽轴褐色，尾上覆羽暗褐色，具铜色光泽。翼稍较宽阔，呈烟灰褐色。嘴黑色；脚和趾黑褐色。

【栖息生境】 开阔区域上空飞行。

【生态习性】 成群栖息和活动。有时亦与家燕混群飞翔于空中。飞翔快速。主要以各种昆虫为食，飞行中捕食。

【地理分布】 国内繁殖于南部的大部地区及海南岛。

【本地报告】 保护区内迁徙季节可见，旅鸟，偶见。

【遇见月份】

1	2	3	4	5	6	7	8	9	10	11	12

雨燕科 Apodidiae

白喉针尾雨燕 *Hirundapus caudacutus*

【外部形态】 体长约20cm。额灰白；头顶至后颈黑褐色，具蓝绿色金属光泽；上体黑褐色，具紫蓝色和绿色金属光彩。尾羽黑色，具蓝绿色金属光泽，尾羽羽轴末端延长呈针状。颏、喉白色；胸、腹灰褐色。嘴黑色，跗跖和趾肉色。

【栖息生境】 林地及山间上空飞行。

【生态习性】 常成群在开阔的林中河谷地带上空飞翔。飞翔快速。主要以双翅目、鞘翅目等飞行性昆虫为食。空中或水面低空飞行捕食。

【地理分布】 繁殖于我国东北，有记录迁徙时见于华东。

【本地报告】 保护区内迁徙季节可见，旅鸟，罕见。

【遇见月份】

1	2	3	**4**	**5**	6	7	8	**9**	**10**	11	12

白喉针尾雨燕

普通雨燕 *Apus apus*【楼燕】 雨燕科

【外部形态】 体长约21cm。头黑褐色，并略具光泽。上体黑褐色，两翅狭长，呈镰刀状，微具铜绿色光泽。尾叉状。颏、喉灰白色，微具淡褐色纤细羽干纹。胸、腹和尾下覆羽黑褐色。嘴短阔而平扁，纯黑色，脚黑褐色。

【栖息生境】 建筑物、石崖等。

【生态习性】 白天常成群在空中飞翔捕食。尤以晨昏、阴天和雨前最为活跃。飞翔疾速。主要以昆虫为食，飞行中捕食。

【地理分布】 国内繁殖于北方多数地区，候鸟飞经中国南部与西部。

【本地报告】 保护区内迁徙季节可见，旅鸟，不常见。

【遇见月份】

1	2	3	**4**	**5**	6	7	8	**9**	**10**	11	12

佛法僧目
CORACIFORMES

本目鸟类为树栖性，脚为并趾足，即前趾基部不同程度并连。翠鸟类多活动于近水区域，常在水边树桩等突出物上等候，从空中钻入水中捕捉鱼类。佛法僧类则多活动于林内。

保护区分布有2科6种。

佛法僧科 Coraciidae

三宝鸟 *Eurystomus orientalis*

【遇见月份】

1	2	3	4	5	6	7	8	9	10	11	12

【外部形态】 体长约30cm。头大而宽阔，头顶扁平。通体蓝绿色，头和翅较暗，呈黑褐色，初级飞羽基部具淡蓝色斑，飞翔时甚明显。嘴、脚红色。

【栖息生境】 林内开阔地。

【生态习性】 常单独或成对栖息于山地或平原林中，也喜欢在林区边缘空旷处或林区里的开垦地上活动，早、晚活动频繁。主要以甲虫、蝗虫等昆虫为食。觅食时常在空中来回旋转，通过不停的飞翔捕食，速度较快，猎获昆虫之后复返原停歇处。营巢于林缘高大树上天然洞穴中，也利用啄木鸟废弃的洞穴作巢。

【地理分布】 国内繁殖于东北至西南及海南岛，偶见于台湾。

【本地报告】 保护区内林地可见，夏候鸟，较常见。

三宝鸟

翠鸟科 Alcedinidae

普通翠鸟 *Alcedo atthis*

【外部形态】 体长约15cm。体羽艳丽，上体金属浅蓝绿色。颏、喉部白色，胸部以下呈鲜明的栗棕色。雄鸟嘴黑色，雌鸟上嘴黑色，下嘴橘黄色；脚红色。

【栖息生境】 湖泊、河流、池塘等。

【生态习性】 常单独活动，多停息在河边树桩、小树的低枝上和岩石上。经常长时间一动不动地注视着水面，一见水中鱼虾，立即扎入水中用嘴捕取。有时亦鼓动两翼悬浮于空中。通常营巢于水域岸边或附近陡直的土岩或沙岩壁上，用嘴挖掘隧道式洞巢。

【地理分布】 国内分布于东北、华东、华中、华南、西南、海南及台湾。

【本地报告】 保护区内水域、沼泽湿地可见，留鸟，常见。

【遇见月份】

1	2	3	4	5	6	7	8	9	10	11	12

普通翠鸟

蓝翡翠 *Halcyon pileata*

【外部形态】 体长约30cm。额、头顶、头侧和枕部黑色，后颈有一宽阔的白色领环。背、腰和尾上覆羽钴蓝色，尾亦为钴蓝色。翅上覆羽黑色，形成一大块黑斑。颏、喉、颈侧、颊和上胸白色，胸以下橙棕色。嘴红色，脚和趾红色。

【栖息生境】 林地河流、池塘等。

【生态习性】 常单独活动，多停息在河边树桩、小树的低枝上和岩石上。经常长时间一动不动地注视着水面，有时亦鼓动两翼悬浮于空中。主要以小鱼、虾、蟹和水生昆虫等水栖动物为食。也吃蛙和鞘翅目、鳞翅昆虫及幼虫。营巢于土崖壁上或河流的堤坝上，用嘴挖掘隧道式的洞穴。

【地理分布】 国内分布于华东、华中及华南，从辽宁至甘肃的大部地区以及东南部包括海南岛。

【本地报告】 保护区内水域、沼泽湿地可见，夏候鸟，常见。

【遇见月份】

1	2	3	4	5	6	7	8	9	10	11	12

蓝翡翠

赤翡翠

赤翡翠 *Halcyon coromanda*

【外部形态】 体长约25cm。头、颈、背、翼、尾棕赤色，腰中央和尾上覆羽基部中央翠蓝色。颏、喉白色；从嘴下延至后颈两侧为一粗的黄白色纹；前颈、胸、腹和尾下覆羽赤黄色。嘴亮红色，尖端亮淡白色；跗跖和趾亮皮黄色。

【栖息生境】 森林溪流。

【生态习性】 性孤独，多停息在河边树桩、低枝和岩石上。主要食昆虫及其他小型节肢动物、蜗牛和蜥蜴等。

【地理分布】 国内繁殖于长白山地区，迁徙时经过东部沿海地区。

【本地报告】 江苏省沿海地区偶有记录，近年未发现，旅鸟。

【遇见月份】

1	2	3	4	5	6	7	8	9	10	11	12

冠鱼狗 *Megaceryle lugubris*

【外部形态】 体长约41cm。外形和斑鱼狗非常相似，通体呈黑白斑杂状，体型较大，羽冠显著，没有白色眉纹。嘴黑色，脚、爪黑褐色。

【栖息生境】 林地清澈溪流。

【生态习性】 平时常独栖在近水边的树枝顶上、电线杆顶或岩石上，食物以小鱼为主，兼吃甲壳类和多种水生昆虫及其幼虫，也啄食小型蛙类和少量水生植物。巢筑在陡岸、断崖、田坎头或田野和小溪的堤坝上，用嘴挖掘巢洞。

【地理分布】 国内分布于华中、华南、华东的大片地区。

【本地报告】 保护区有历史记录，近年未发现，留鸟。

【遇见月份】

1	2	3	4	5	6	7	8	9	10	11	12

冠鱼狗

斑鱼狗

斑鱼狗 *Ceryle rudis*

【外部形态】 体长约27cm。外形和冠鱼狗非常相似，通体呈黑白斑杂状，但体型较小，头顶冠羽较短。具白色眉纹。尾白色，具宽阔的黑色次端斑，翅上有宽阔的白色翅带，飞翔时极明显。下体白色，雄鸟有两条黑色胸带，前面一条较宽，后面一条较窄，雌鸟仅一条胸带。白色颈环不完整，在后颈中断。嘴黑色，脚、爪黑褐色。

【栖息生境】 开阔水域。

【生态习性】 成对或结群活动于较大水体，多栖息于水边枯树、岩石和树枝上。食物以小鱼为主，兼吃甲壳类和多种水生昆虫及其幼虫，也啄食小型蛙类和少量水生植物。叫声为尖厉的哨声。巢筑在陡岸、断崖、田坎头或田野和小溪的堤坝上，用嘴挖掘巢洞。

【地理分布】 国内分布于中国东南部。

【本地报告】 保护区内水域、沼泽湿地可见，留鸟，常见。

【遇见月份】

1	2	3	4	5	6	7	8	9	10	11	12

戴胜目
UPUPIFORMES

本目鸟类仅1种，戴胜。地栖性鸟类，也在树上活动。嘴长而拱曲。飞行缓慢。以昆虫等小动物为食物。

保护区分布有1科1种。

戴胜科 Upupidae

戴胜 *Upupa epops*

【外部形态】 体长约30cm。头顶具凤冠状羽冠；头、颈、胸淡棕栗色。上体间有黑色、棕白色带斑；腰白色。腹及两肋由淡葡萄棕转为白色。嘴形细长，黑色，基部呈淡铅紫色；脚铅黑色。

【栖息生境】 开阔林地、村落等。

【生态习性】 多单独或成对活动。常在地面上慢步行走，边走边觅食。飞行时两翅扇动缓慢，成一起一伏的波浪式前进。在地上停歇或觅食时，羽冠常张开。主要以蝗虫、蝼蛄、石蝇、金龟子等昆虫为食，也吃蠕虫等其他小型无脊椎动物。营巢于林缘或林中道路两边天然树洞中或啄木鸟的弃洞中，也利用废弃房屋墙壁洞和悬崖岩壁缝隙。

【地理分布】 广泛分布于我国大部分地区。

【本地报告】 保护区内村落、旷野、林地、农田可见，留鸟，常见。

【遇见月份】

1	2	3	4	5	6	7	8	9	10	11	12

䴕形目 PICIFORMES

本目鸟类多为中小型的树栖性种类，脚为对趾足。其中的啄木鸟类是著名的食虫鸟类，善于捕食隐藏在树干或树皮缝隙中的害虫。

保护区分布有1科4种。

啄木鸟科 Picidae

蚁䴕 *Jynx torquilla*

【外部形态】 体长约17cm。全身体羽灰褐色，斑驳杂乱。上体及尾棕褐色，自后枕至下背有一暗黑色菱形斑块。下体具有细小横斑，尾较长，有数条黑褐色横斑。嘴直，相对形短，呈圆锥形，角质色；脚褐色。

【栖息生境】 林地、低矮灌丛。

【生态习性】 常单独活动。多在地面觅食，行走时成跳跃式前进，飞行迅速而敏捷。多栖落于低矮的小树或灌丛上，有时栖息在低灌木和草地上。头甚灵活，当受到惊吓时能向各个方向扭转。主要以蚂蚁、蚂蚁卵和蛹为食，也吃一些小甲虫。

【地理分布】 繁殖于华中、华北及东北，在华南、华东、海南及台湾越冬。

【本地报告】 保护区内林地可见，旅鸟，少数个体越冬，较常见。

【遇见月份】

1	2	3	4	5	6	7	8	9	10	11	12

星头啄木鸟

星头啄木鸟 *Dendrocopos canicapillus*

【外部形态】 体长约15cm。额至头顶灰色或灰褐色，具一宽阔的白色眉纹自眼后延伸至颈侧。雄鸟在枕部两侧各有一深红色斑，上体黑色，下背至腰和两翅呈黑白斑杂状，下体具显著的黑色纵纹。雌鸟枕侧无红色。嘴铅灰色或铅褐色，脚灰黑色或淡绿褐色。

【栖息生境】 林地。

【生态习性】 常单独或成对活动。多在树中上部活动和取食，偶尔也到地面倒木取食。飞行迅速，成波浪式前进。主要以天牛等昆虫为食，偶尔也吃植物果实和种子。营巢于枯树干上，雌雄亲鸟共同啄巢洞。

【地理分布】 我国大部分地区，包括华东、华南、西南、东北等地。

【本地报告】 保护区内村落、林地可见，留鸟，常见。

【遇见月份】 1 2 3 4 5 6 7 8 9 10 11 12

大斑啄木鸟 *Dendrocopos major*

【外部形态】 体长约24cm。额、颊和耳羽白色，雄鸟枕部红色。上体主要为黑色，肩和翅上各有一块大的白斑。尾黑色，外侧尾羽具黑白相间横斑，飞羽亦具黑白相间的横斑。下体污白色，无斑；下腹和尾下覆羽鲜红色。嘴铅黑或蓝黑色，跗跖和趾褐色。

【栖息生境】 林地。

【生态习性】 常单独或成对活动，繁殖后期则成松散的家族群活动。多在树干和粗枝上觅食，觅食时常从树的中下部跳跃式地向上攀援，发现有人，则绕到树木后面藏匿或继续向上攀缘，搜索完一棵树后再飞向另一棵树，飞行时两翅一开一闭，成波浪式前进。主要以甲虫等各种昆虫、昆虫幼虫为食，也吃蜗牛、蜘蛛等，偶尔也吃橡实等植物性食物。多营巢于已腐朽的树洞中，雌雄鸟共同啄凿而成。

【地理分布】 见于我国绝大部分地区，是分布最广泛的啄木鸟。

【本地报告】 保护区内村落、林地可见，留鸟，常见。

【遇见月份】 1 2 3 4 5 6 7 8 9 10 11 12

大斑啄木鸟

大斑啄木鸟

灰头绿啄木鸟 *Picus canus*

【外部形态】体长约27cm。雄鸟额部和顶部红色，枕部灰色并有黑纹，上体绿色，腰部和尾上覆羽黄绿色；颊部和颏喉部灰色，髭纹黑色；下体灰绿色。雌雄相似，但雌鸟头顶和额部非红色。嘴灰黑色，脚和趾灰绿色或褐绿色。

【栖息生境】林地。

【生态习性】常单独或成对活动，很少成群。飞行迅速，成波浪式前进。常在树干的中下部取食，也常在地面取食。主要以蚂蚁等昆虫为食，偶尔也吃植物果实和种子。营巢于树洞中，巢洞由雌雄共同啄凿完成。

【地理分布】广泛分布我国绝大部分地区。

【本地报告】保护区内村落、林地可见，留鸟，常见。

【遇见月份】

1	2	3	4	5	6	7	8	9	10	11	12

雀形目

PASSERIFORMES

本目鸟类分布广，种数多，个体数量也很大。多为小型种类，少数个体中型。嘴形直或稍拱曲，先端尖或略具钩。鸣管和鸣肌发达，善于鸣啭。足较细弱，4趾，后趾发达，与前3趾在同一平面上。多为树栖，少数地栖性。绝大多数为杂食性，繁殖季节多取食昆虫，秋冬季节则取食果实和种子。很多种类被作为笼鸟饲养。

保护区分布有31科154种。

八色鸫科 Pittidae

仙八色鸫 *Pitta nympha*

仙八色鸫

【外部形态】 体长约20cm。雄鸟前额至枕部深栗色，有黑色中央冠纹，眉纹淡黄，自额基有宽阔的黑贯眼纹；上体辉蓝色，尾羽黑色；颏黑褐、喉白，下体淡黄褐色，腹中及尾下覆羽朱红。雌鸟羽色似雄但较浅淡。嘴黑色，跗跖和趾肉红色或淡黄褐色。

【栖息生境】 林地。

【生态习性】 常在灌木下的草丛间单独活动，在地面上边走边觅食。行动敏捷，性机警，善跳跃。主要以昆虫为食，也以喙掘土觅食蚯蚓。营巢于密林中树上。

【地理分布】 国内夏季见于华东、东南及华南地区。

【本地报告】 保护区内林地可见，夏候鸟，不常见。

【遇见月份】

1	2	3	4	5	**6**	**7**	**8**	**9**	10	11	12

百灵科 Alaucidae

凤头百灵 *Galerida cristata*

【外部形态】 体长约18cm。具长而窄的冠羽。上体沙褐而具近黑色纵纹，尾覆羽皮黄色。下体浅皮黄，胸密布近黑色纵纹。嘴灰褐色，有时沾肉色；脚肉棕色。

【栖息生境】 农田、草地等开阔地。

【生态习性】 常于地面行走或振翼作柔弱的波状飞行，常在地面或空中鸣啭。主要以草籽、嫩芽、浆果等为食，也捕食昆虫，如甲虫、蚱蜢、蝗虫等。营巢于草地上凹坑处。

【地理分布】 国内分布于新疆西北部、青海、甘肃、宁夏及内蒙古包头，江苏和四川北部等部分地区为冬候鸟。

【本地报告】 保护区内农田、旷野可见，冬候鸟，少数个体繁殖，罕见。

【遇见月份】

1	2	3	4	5	6	7	8	9	10	11	12

凤头百灵

短趾百灵 *Calandrella cheleensis*

【外部形态】体长约13cm。无羽冠，眉纹白色。上体棕灰色满布纵纹。下体白色，胸部散布纵纹。翅稍尖长，尾较翅为短。嘴较粗短，角质灰色；脚肉棕色，后爪长而直。

【栖息生境】农田、草地等开阔地。

【生态习性】常于地面行走或振翼作柔弱的波状飞行。常站高土岗或沙丘上鸣啭，或在空中振翼同时缓慢垂直下降时鸣唱。主要以草籽、嫩芽等为食，也捕食昆虫，如蚱蜢、蝗虫等。

【地理分布】国内分布于东北、西北和华北等大部分地区。

【本地报告】保护区内农田、旷野可见，旅鸟，罕见。

【遇见月份】

1	2	3	4	5	6	7	8	9	10	11	12

百灵科 Alaucidae

云雀 *Alauda arvensis*

【外部形态】 长约18cm。顶冠及耸起的羽冠具细纹，耳羽棕栗色。上体灰褐色，具黑色斑纹。喉及前胸具黑色斑点或纵纹，下体余部偏白。嘴角质色；脚肉色。

【栖息生境】 农田、草地等开阔地。

【生态习性】 单独或松散的小群在地面活动，常见振翅飞向空中，边飞边鸣叫，直入云霄，接着作极壮观的俯冲而回到地面，故得此名。主要以植物种子、昆虫等为食。

【地理分布】 国内繁殖于北方地区，冬季在华中、华南、华东等地越冬。

【本地报告】 保护区内农田、旷野可见，冬候鸟，少数留居，常见。

【遇见月份】 1 2 3 4 5 6 7 8 9 10 11 12

云雀

小云雀 *Alauda gulgula*

【外部形态】 体长约15cm。具耸起的短羽冠，上有细纹。眼先和眉纹棕白色，耳羽淡棕栗色。上体黄褐色有纵斑纹。下体淡棕色或棕白色，胸部棕色较浓密布黑褐色羽干纹。嘴褐色，下嘴基部淡黄色，脚肉黄色。

【栖息生境】 农田、草地等开阔地。

【生态习性】 除繁殖期成对活动外，其他时候多成群。主要在地上活动，善奔跑，有时也停歇在灌木上。常从地面垂直飞起，边飞边鸣，直上高空，连续拍击翅膀，并能悬停于空中；降落时常急速下坠，或缓慢向下滑翔。主要以植物性食物为食，也吃昆虫等。通常营巢于地面凹处，巢多置于草丛中或树根与草丛旁。

【地理分布】 国内留居于南方及沿海地区。

【本地报告】 保护区内农田、旷野可见，留鸟，常见。

【遇见月份】

小云雀

燕科 Hirundinidae

崖沙燕 *Riparia riparia*

【外部形态】体长约12cm。头部及上体灰褐色，飞羽黑褐色。颏、喉白色或灰白色，灰褐色胸带完整。腹和尾下覆羽白色或灰白色。嘴黑褐；趾灰褐色。

【栖息生境】河流、沼泽上空飞行。

【生态习性】常成群生活，有时可见数百只的大群。常在水面或沼泽地上空飞翔，飞行轻快而敏捷，休息时停栖在沙丘、沼泽地或沙滩上，有时亦见停栖于路边电线上。主要以空中飞行性昆虫为食。

【地理分布】繁殖于东北亚，南迁越冬，国内分布于东北、华中、华东、华南等地区。

【本地报告】保护区内湿地上空可见，旅鸟或有少数个体繁殖，偶见。

【遇见月份】

1	2	3	4	5	6	7	8	9	10	11	12

燕科 Hirundinidae

家燕 *Hirundo rustica*

【外部形态】 体长约15cm。前额深栗色，上体从头顶一直到尾上覆羽均为蓝黑色而富有金属光泽。飞羽狭长。尾长、呈深叉状。颏、喉和上胸栗色或棕栗色，其后有一黑色环带，下胸、腹和尾下覆羽白色或棕白色。嘴短而宽扁，基部宽大，呈倒三角形，黑褐色，跗跖和趾黑色。

【栖息生境】 开阔地、居民区等。

【生态习性】 多数时间都成群地在村庄及其附近的田野上空不停地飞翔，飞行迅速敏捷，有时亦与金腰燕一起活动。主要以昆虫为食，空中飞行捕食。巢多置于房舍内外墙壁上、屋檐下或横梁上，甚至在悬吊着的电灯基座上筑巢。

【地理分布】 繁殖于中国大部分地区，南亚、东南亚越冬，部分在云南南部，海南岛及台湾越冬。

【本地报告】 保护区内村落、农田、旷野、湿地可见，夏候鸟，常见。

【遇见月份】

1	2	3	4	5	6	7	8	9	10	11	12

家燕

金腰燕 *Hirundo daurica*

【外部形态】 体长约18cm。头黑色，颊部棕色。上体黑色，具有辉蓝色光泽，腰部有栗色横带。尾甚长，为深凹形。下体棕白色，而多具有黑色的细纵纹。嘴及脚黑色。

【栖息生境】 开阔地、居民区等。

【生态习性】 与家燕相似。结小群活动。善飞行，飞行迅速敏捷。主要以昆虫为食。巢多置于房舍内屋檐下或横梁上，巢多呈长颈瓶状，不同于家燕的半碗状。

【地理分布】 繁殖于中国大部分地区，南亚、东南亚越冬。

【本地报告】 保护区内村落、农田、旷野、湿地可见，夏候鸟，常见。

【遇见月份】

1	2	3	4	5	6	7	8	9	10	11	12

金腰燕

烟腹毛脚燕 *Delichon dasypus*

【外部形态】 体长约13cm。头、上体黑色，富有金属蓝黑色光泽。腰及尾上覆羽为白色。下体纯白色。嘴黑色、扁平而宽阔，跗跖和趾橙色或淡肉色，均被白色绒羽。

【栖息生境】 开阔地上空。

【生态习性】 常成群活动，迁徙期间常集成数百只的大群。多在栖息地或水域上空飞翔，边飞边叫。休息时或栖于电线上，或停落在地上。主要以昆虫为食。

【地理分布】 国内繁殖于东北地区，越冬于华东、东南、华南等地。

【本地报告】 保护区迁徙季节可见，旅鸟，罕见。

【遇见月份】

1	2	3	4	5	6	7	8	9	10	11	12

烟腹毛脚燕

鹡鸰科 Motacilidae

山鹡鸰 *Dendronanthus indicus*

【外部形态】 体长约17cm。头部和上体橄榄褐色，眉纹白色。两翼黑褐色，具有2条白色翅斑。下体白色，胸部具有两道黑色横斑纹，较下的一道横纹有时不完整。嘴褐色，下嘴较淡；脚偏粉色。

【栖息生境】 林地。

【生态习性】 单独或成对活动。飞行时为典型鹡鸰类的波浪式，停栖时，尾轻轻往两侧摆动。主要以昆虫为食。营巢在树的水平枝丫上。

【地理分布】 国内繁殖于东北部、北部、中部及东部，越冬于南部、东南部及西南、南部和西藏东南部。

【本地报告】 保护区内林地可见，繁殖鸟，常见。

【遇见月份】

1	2	3	4	5	6	7	8	9	10	11	12

山鹡鸰

白鹡鸰 *Motacilla alba*

【外部形态】 体长约20cm。额、头顶前部和脸白色，或有黑色贯眼纹。头顶后部、枕和后颈黑色。背、肩黑色或灰色，飞羽黑色。颏、喉白色或黑色，胸黑色，其余下体白色。嘴和跗跖黑色。

【栖息生境】 草地、水边等开阔地。

【生态习性】 常单独成对或呈小群活动。多在地上行走，或是跑动捕食。飞行呈波浪式，尾不住地上下摆动。主要以昆虫为食。通常营巢于水域附近洞隙、河边土坎，以及河岸、灌丛与草丛中，也在房屋屋脊、房顶和墙壁缝隙中营巢。

【地理分布】 国内繁殖于东北、北部、中部及东部，越冬在南部、东南部及西南和西藏东南部。

【本地报告】 保护区内水域、沼泽湿地可见，留鸟，常见。

【遇见月份】

1	2	3	4	5	6	7	8	9	10	11	12

黄头鹡鸰 *Motacilla citreola*

【外部形态】 体长约18cm。雄鸟头鲜黄色，后颈有一窄的黑色领环；上体黑色或灰色；下体鲜黄色。雌鸟额和头侧灰黄色，头顶灰褐色，具黄色眉纹；上体黑灰色或灰色；下体黄色。嘴黑色，跗跖黑色。

【栖息生境】 水边等开阔地。

【生态习性】 常成对或成小群活动。常沿水边小跑追捕食物，站立时尾常上下摆动。主要以昆虫为食，偶尔也吃少量植物性食物。

【地理分布】 国内繁殖于东北、北部及西部大部分地区，越冬于南部沿海一带。

【本地报告】 保护区内水域、沼泽湿地可见，旅鸟，罕见。

【遇见月份】

1	2	3	**4**	**5**	6	7	8	**9**	**10**	11	12

黄头鹡鸰

黄鹡鸰 *Motacilla flava*

【外部形态】 体长约18cm。头顶蓝灰色或暗色。上体橄榄绿色或灰色，具白色、黄色或黄白色眉纹。飞羽黑褐色，具两道白色或黄白色横斑。尾黑褐色，最外侧两对尾羽大都白色。下体黄色。嘴和跗跖黑色。

【栖息生境】 水边等开阔地。

【生态习性】 多成对或成小群，迁徙期亦见数十只的大群活动。喜欢停栖在河边或河心石头上，尾不停地上下摆动。有时也沿着水边来回不停地走动。主要以昆虫为食。

【地理分布】 国内繁殖于东北一带，越冬于南部沿海地区及台湾。

【本地报告】 保护区内水域、沼泽湿地可见，旅鸟，不常见。

【遇见月份】

1	2	3	**4**	**5**	6	7	8	**9**	**10**	11	12

黄鹡鸰

黄鹡鸰

灰鹡鸰

灰鹡鸰 *Motacilla cinerea*

【外部形态】 体长约19cm。雄鸟额、顶、枕和后颈灰色或深灰色；眉纹和贯眼纹白色，眼先、耳羽灰黑色。上体灰色沾暗绿褐色。尾上覆羽鲜黄色。颏、喉夏季为黑色，冬季为白色，其余下体鲜黄色。雌鸟和雄鸟相似，但上体较绿灰，颏、喉白色、不为黑色。嘴黑褐色或黑色，跗跖和趾暗绿色或褐色。

【栖息生境】 草地、水边等开阔地。

【生态习性】 常单独或成对活动，有时也集成小群或与白鹡鸰混群。飞行呈波浪式。常停栖于水边突出物体上，尾不断地上下摆动。主要以昆虫为食。营巢于河流两岸土坑、石缝、树洞、房屋墙缝等各类生境。

【地理分布】 国内繁殖于东北及华中一带，越冬于南部地区，在台湾为留鸟。

【本地报告】 保护区内水域、沼泽湿地可见，旅鸟，有些个体留居，较常见。

【遇见月份】

1	2	3	4	5	6	7	8	9	10	11	12

田鹨 *Anthus richardi*

【外部形态】 体长约18cm。头、上体多为黄褐色或棕黄色，顶和背具暗褐色纵纹，眼先和眉纹皮黄白色。下体白色或皮黄白色，喉两侧有一暗褐色纵纹，胸具暗褐色纵纹。嘴褐色，上嘴基部和下嘴较淡，脚褐色。

【栖息生境】 草地、水边等开阔地。

【生态习性】 常单独或成对活动，迁徙季节亦成群。有时也和云雀混杂在一起在地上觅食。多栖于地上或小灌木上。飞行呈波浪式，多贴地面飞行。主要以昆虫为食。通常营巢于河边或湖畔草地上凹坑内。

【地理分布】 国内繁殖期见于东北、西北、华中、华东、东南及南部地区，越冬至东南亚、印度等地。

【本地报告】 保护区内水域、沼泽湿地可见，夏候鸟，不常见。

【遇见月份】

1	2	3	4	5	6	7	8	9	10	11	12

田鹨

树鹨 *Anthus hodgsoni*

【外部形态】 体长约15cm。上体橄榄绿色具褐色纵纹，尤以头部较明显。眉纹乳白色或棕黄色，耳后有一白斑。下体灰白色，胸具黑褐色纵纹。停栖时，尾常上下摆动。上嘴黑色，下嘴肉黄色，跗跖和趾肉色或肉褐色。

【栖息生境】 林地。

【生态习性】 常成对或成小群活动，迁徙期间亦集成较大的群。多在地上奔跑觅食。性机警，受惊后立刻飞到附近树上。主要以昆虫及幼虫为食，也吃蜘蛛、蜗牛及杂草种子等植物性食物。

【地理分布】 国内繁殖于东北、内蒙古、河北、甘肃、青海、四川、云南、西藏等地，迁徙时途经东部地区，在长江以南越冬。

【本地报告】 保护区内林地可见，冬候鸟，常见。

【遇见月份】

1	2	3	4	5	6	7	8	9	10	11	12

北鹨 *Anthus gustavi*

【外部形态】体长约15cm。眉纹淡棕，耳羽栗褐。头及上体棕褐，具黑褐色纵纹。下体灰白，颈侧、胸、肋有黑褐纵纹。似树鹨但背部白色纵纹成两个“V”字形，且褐色较重，黑色的髭纹显著。上嘴角质色，下嘴粉红；脚粉红。

【栖息生境】草地、水边等开阔地。

【生态习性】多成对活动，在地上奔跑觅食，受惊动即飞向树枝或岩石上。主要以昆虫为食。

【地理分布】繁殖于苔原地带及俄罗斯东部，越冬至印度尼西亚等地。迁徙期在国内主要见于东部沿海地区。

【本地报告】保护区内水域、沼泽湿地可见，旅鸟，罕见。

【遇见月份】

1	2	3	**4**	**5**	6	7	8	**9**	**10**	11	12

北鹨

红喉鹨 *Anthus cervinus*

【外部形态】体长约15cm。雄鸟夏羽头、上体灰褐或橄榄灰褐色，具黑褐色羽干纹；耳羽棕褐色或暗黄褐色；下体颏、喉、胸棕红色，其余下体淡棕黄色或黄褐色，下胸、腹和两肋具黑褐色纵纹。冬羽上体主要为黄褐色或棕褐色，具黑色羽干纹。雌鸟和雄鸟大致相似，但喉为暗粉红色，其余下体皮黄白色，纵纹亦更显著。嘴黑色，基部肉色或褐色，脚淡褐或黑褐色。

【栖息生境】草地、水边等开阔地。

【生态习性】多成对活动，在地上奔跑觅食，受惊动即飞向树枝或岩石上。主要以昆虫为食。

【地理分布】繁殖于欧亚大陆北部，迁徙经我国北方、华东、华中至长江以南地区，包括海南岛和台湾越冬。

【本地报告】保护区内水域、沼泽湿地可见，旅鸟，一些个体越冬，偶见。

【遇见月份】

1	2	3	**4**	**5**	6	7	8	9	**10**	11	12

红喉鹨

水鹨

水鹨 *Anthus spinoletta*

【外部形态】 体长约15cm。夏羽头顶具细纹，眉纹显著。下体橙黄色，胸部色较深且仅于胸侧及两肋具模糊纵纹（几无纵纹）。冬季上体深灰色，前部具浓密的纵纹；下体暗皮黄色，前部具浓密纵纹。嘴暗褐色，脚肉色或暗褐色。

【栖息生境】 草地、水边等开阔地。

【生态习性】 单个或成对活动，迁徙期间亦集成较大的群。多在地上奔跑觅食。性机警，受惊后立刻飞到附近树上，站立时尾常上下摆动。主要以昆虫为食，也兼食一些植物种子。

【地理分布】 国内新疆西北部、青海、甘肃等地为夏侯鸟，越冬于长江流域各地。

【本地报告】 保护区内水域、沼泽湿地可见，冬候鸟，较常见。

【遇见月份】

1	2	3	4	5	6	7	8	9	10	11	12

黄腹鹨 *Anthus rubescens*

【外部形态】 体长约15cm。体羽似树鹨，但上体褐色浓重，胸及两肋具显著的黑色纵纹，纵纹浓密，颈侧具近黑色的块斑。上嘴角质色，下嘴偏粉色；脚暗黄。

【栖息生境】 草地、水边等开阔地。

【生态习性】 多成对或小群活动。性活跃，不停地在地上或灌丛中觅食。主要以昆虫为食，也兼食一些植物种子。

【地理分布】 繁殖于西伯利亚，越冬南迁，国内主要分布于东部地区。

【本地报告】 保护区内水域、沼泽湿地可见，旅鸟，部分个体越冬，常见。

【遇见月份】

1	2	3	4	5	6	7	8	9	10	11	12

黄腹鹨

山椒鸟科 Campephagidae

暗灰鹃鵙 *Coracina melaschistos*

【外部形态】 体长约23cm。雄鸟青灰色，两翼亮黑，尾下覆羽白色，尾羽黑色。雌鸟似雄鸟，但色浅，下体及耳羽具白色横斑，白色眼圈不完整，翼下通常具一小块白斑。嘴黑色；脚铅蓝色。

【栖息生境】 林地。

【生态习性】 在林地内活动较隐蔽。以昆虫为主食，也吃植物种子。在树上筑碗状巢。

【地理分布】 国内见于华中、东南、华南、西南及西藏东南部等地。

【本地报告】 保护区内林地可见，夏候鸟，偶见。

【遇见月份】

1	2	3	4	**5**	**6**	**7**	**8**	9	10	11	12

小灰山椒鸟 *Pericrocotus cantonensis*

【外部形态】 体长约18cm。雄鸟前额明显白色，与灰山椒鸟的区别在腰及尾上覆羽浅皮黄色，颈背灰色较浓，通常具醒目的白色翼斑。雌鸟似雄鸟，但褐色较浓，有时无白色翼斑。嘴、脚黑色。

【栖息生境】 林地。

【生态习性】 常在树冠层活动和捕食，飞行缓慢。主要以昆虫和昆虫幼虫为食。巢多置于高大树木侧枝上，巢呈碗状。

【地理分布】 繁殖于我国华中、华南及华东等地区，南迁越冬。

【本地报告】 保护区内林地可见，夏候鸟，常见。

【遇见月份】

1	2	3	**4**	**5**	**6**	**7**	**8**	**9**	10	11	12

灰山椒鸟 *Pericrocotus divaricatus*

【外部形态】 体长约20cm。上体灰色或石板灰色，两翅和尾黑色，翅上具斜行白色翼斑，外侧尾羽先端白色。前额、头顶前部、颈侧和下体均白色，具黑色贯眼纹。雄鸟头顶后部至后颈黑色，雌鸟头顶后部和上体均为灰色。嘴、脚黑色。

【栖息生境】 林地。

【生态习性】 常成群在树冠层上空飞翔，边飞边叫，鸣声清脆。主要以昆虫和昆虫幼虫为食。通常营巢于阔叶林中，巢多置于高大树木侧枝上，呈碗状。

【地理分布】 繁殖于东北亚，迁徙经我国东部地区，国内见于东北、华中、华东、华南等地。

【本地报告】 保护区内林地可见，旅鸟，或有繁殖个体，较常见。

【遇见月份】

1	2	3	4	5	6	7	8	9	10	11	12

白头鹎 *Pycnonotus sinensis*

【外部形态】 体长约19cm。额至头顶纯黑色而富有光泽，具一白色枕环。耳羽后部有一白斑。上体大部为灰绿色。胸具不明显的宽阔灰褐色胸带，其余下体白色。嘴、脚黑色。

【栖息生境】 林地、村落。

【生态习性】 常单独、成对或成小群活动。性活泼、不甚畏人。主要以果树的浆果和种子为主食，并时常飞入果园偷吃果实，偶尔啄食昆虫。巢通常筑在离地面不高的杂木林或树丛上。

【地理分布】 国内分布于长江流域及以南大部分地区，东部北方地区近年有较多记录。

【本地报告】 保护区内村落、林地可见，留鸟，常见。

【遇见月份】

1	2	3	4	5	6	7	8	9	10	11	12

领雀嘴鹎 *Spizixos semitorques*

【外部形态】体长约23cm。额和头顶前部黑色。上体暗橄榄绿色，下体橄榄黄色。额基近鼻孔处有一白斑，喉黑色，前颈有一白色颈环。嘴粗短，上嘴略向下弯曲，灰黄色或肉黄色，脚淡灰褐或褐色。

【栖息生境】林地。

【生态习性】常成群活动，有时也见单独或成对活动。食性较杂，以植物性食物为主，多为植物果实，也吃金龟子、步行虫等鞘翅目和其他昆虫。通常营巢于溪边或路边小树侧枝梢处。

【地理分布】国内主要分布于华南、东南地区。

【本地报告】保护区内林地可见，留鸟，常见。

【遇见月份】

1	2	3	4	5	6	7	8	9	10	11	12

领雀嘴鹎

黑短脚鹎 *Hypsipetes leucocephalus*

【外部形态】体长约20cm。两种色型，一种通体黑色，另一种整个头、颈部均为白色，其余上体从背至尾上覆羽黑色，羽级具蓝绿色光泽。下体自胸或自腹往后黑褐色或黑色。嘴鲜红色，脚橘红色。

【栖息生境】林地。

【生态习性】常单独或成小群活动，有时亦集成大群。性活泼，常在树冠上来回不停地飞翔，或站于枝头，很少到地上活动。主要以昆虫等动物性食物为食，也吃植物果实、种子等植物性食物。营巢于乔木水平枝上，距地较高，呈杯状。

【地理分布】国内分布于华南及东南大部分地区。

【本地报告】保护区内林地可见，夏候鸟，罕见。

【遇见月份】

1	2	3	4	5	6	7	8	9	10	11	12

黑短脚鹎

黑短脚鹎

太平鸟科 Bombycilidae

太平鸟 *Bombycilla garrulus*

【外部形态】体长约18cm。全身大体呈葡萄色，头部色深，头顶有一簇状羽冠，具黑色贯眼纹。颏、喉黑色。翅具白色翼斑，次级飞羽羽干末端具红色水滴状斑。尾具黑色次端斑和黄色端斑。嘴、脚黑色。

【栖息生境】林地。

【生态习性】除繁殖期成对活动外，其他时候多成群活动，有时甚至集成近百只的大群。通常活动在树木顶端和树冠层。主要以浆果等植物性食物为食，繁殖季节也吃昆虫等。

【地理分布】繁殖于北方针叶林，国内越冬见于东北和中北地区，偶至长江流域、新疆西部喀什地区。

【本地报告】保护区内林地可见，冬候鸟，不常见。

【遇见月份】

1	2	3	4	5	6	7	8	9	10	11	12

太平鸟

小太平鸟

小太平鸟 *Bombycilla japonica*

【外部形态】体长约16cm。体色似太平鸟。与太平鸟的区别在黑色的过眼纹绕过冠羽延伸至头后，臀绯红。次级飞羽端部无蜡样附着，但羽尖绯红。缺少黄色翼带。尾具黑色次端斑和红色端斑。嘴、脚黑色。

【栖息生境】林地。

【生态习性】生活习性与太平鸟相似，常数十只或数百只聚集成群。性情活跃，不停地在树上跳上飞下。除饮水外，很少下地。以植物果实及种子为主食，秋、冬季所见的食物有卫矛、鼠李，兼食少量昆虫。

【地理分布】繁殖于东北亚，国内越冬于山东、湖北及其周边地区。

【本地报告】保护区内林地可见，冬候鸟，不常见。

【遇见月份】

1	2	3	4	5	6	7	8	9	10	11	12

伯劳科 Laniidae

虎纹伯劳 *Lanius tigrinus*

【外部形态】体长约19cm。雄鸟具黑色宽阔的贯眼纹；额、顶至后颈蓝灰色；上体余部栗红褐色，杂以波状黑色横斑。下体纯白色。雌鸟羽色与雄鸟相似，贯眼黑纹沾褐，头顶灰色及背羽的栗褐色均不如雄鸟鲜艳；肋部缀以黑褐色鳞状横斑。嘴黑色；跗跖、趾黑褐色。

【栖息生境】林地。

【生态习性】多藏身于林中，常见停歇在灌木、乔木的顶端或电线上。性较凶猛，不仅捕虫为食，还会袭击小鸟和鼠类。多在灌木上营巢。

【地理分布】国内繁殖于吉林、河北至华中及华东，冬季南迁。

【本地报告】保护区内林地可见，夏候鸟，常见。

【遇见月份】

1	2	3	4	**5**	**6**	**7**	**8**	**9**	**10**	11	12

牛头伯劳

牛头伯劳 *Lanius bucephalus*

【外部形态】 体长约19cm。额、头顶至上背栗色；具白色的眉纹。背至尾上覆羽灰褐；尾羽黑褐。下体污白，胸、肋染橙色并具显著黑褐色鳞状纹。雄鸟初级飞羽基部白色，形成翅斑。嘴黑褐，下嘴基部黄褐色；脚黑。

【栖息生境】 林地。

【生态习性】 多单独停栖于突出之枝头木桩上，以昆虫、爬行动物等小型动物为主食。筑巢于低枝上，碗状巢。

【地理分布】 国内繁殖于东北自黑龙江南部至辽宁、河北及山东，冬季南迁至华南、华东及台湾。

【本地报告】 保护区内林地可见，旅鸟，部分越冬，不常见。

【遇见月份】

1	2	3	4	5	6	7	8	9	10	11	12

红尾伯劳

红尾伯劳 *Lanius cristatus*

【外部形态】 体长约20cm。头顶灰色或红棕色、具白色眉纹和显著的黑色贯眼纹，上体棕褐或灰褐色，两翅黑褐色。尾上覆羽红棕色，尾羽棕褐色，尾呈楔形。颏、喉白色，其余下体棕白色。嘴黑色，脚铅灰色。

【栖息生境】 林地、村落。

【生态习性】 单独或成对活动，性活泼，常在枝头跳跃或飞上飞下。有时亦高高地站立在小树顶端或电线上静静地注视着四周猎物。主要以昆虫等动物性食物为食，也捕捉蜥蜴等小型脊椎动物。筑巢于低枝上，碗状巢。

【地理分布】 国内繁殖于东北、华中、华东等地，冬季南迁。

【本地报告】 保护区内林地可见，夏候鸟，常见。

【遇见月份】

1	2	3	4	5	6	7	8	9	10	11	12

棕背伯劳 *Lanius schach*

【外部形态】 体长约25cm。头大，额、头顶至后颈黑色或灰色，具黑色贯眼纹。背棕红色，两翅黑色具白色翼斑。尾长、黑色。颏、喉白色，其余下体棕白色。偶见黑色型个体。嘴、脚黑色。

【栖息生境】 林地、村落。

【生态习性】 多单独或成对活动。常见停歇在乔木树上，也见在田间和路边的电线上，一旦发现猎物，立刻飞去追捕，然后返回原处吞吃。性凶猛，不仅善于捕食昆虫，也能捕杀小鸟、蛙和啮齿类。筑巢于高大乔木上，碗状巢。

【地理分布】 国内广泛分布于华中、长江流域及其以南一带。

【本地报告】 保护区内村落、林地、旷野、农田可见，留鸟，常见。

【遇见月份】

1	2	3	4	5	6	7	8	9	10	11	12

伯劳科 Laniidae

楔尾伯劳 *Lanius sphenocercus*

【外部形态】 体长约31cm，是伯劳中个体最大的。额基白色，向后延伸为白色眉纹，黑色贯眼纹明显。上体灰色，中央尾羽及飞羽黑色，翼具大型白色翅斑。尾特长，凸形尾。嘴强健，先端具钩，黑色，跗跖、趾黑褐色。

【栖息生境】 林地、旷野。

【生态习性】 常单独或成对活动。喜站在高的树冠顶枝上，一有猎物出现，立刻飞去猎捕。食物主要为蝗虫、甲虫等昆虫和幼虫，也捕食小型脊椎动物，如蜥蜴、小鸟及鼠类，能长时间追捕小鸟。

【地理分布】 国内繁殖于东北、华东及中西部地区，越冬于东部及南部沿海一带。

【本地报告】 保护区内村落、林地、旷野、农田可见，冬候鸟，偶见。

【遇见月份】

1	2	3	4	5	6	7	8	9	10	11	12

楔尾伯劳

黄鹂科 Oriolidae

黑枕黄鹂 *Oriolus chinensis*

【外部形态】 体长约26cm。体色艳丽，通体金黄色。头枕部有一宽阔的黑色带斑，并向两侧延伸和黑色贯眼纹相连，形成一条围绕头顶的黑带。两翅和尾黑色。嘴较为粗壮，稍向下曲，红色，脚褐色。

【栖息生境】 林地。

【生态习性】 常单独或成对活动。主要在高大乔木的树冠层活动，很少下到地面。繁殖期间喜欢隐藏在树冠层枝叶丛中鸣叫，鸣声清脆婉转。主食昆虫，也吃果实和种子。常营巢在阔叶林内高大乔木上，呈吊篮状。

【地理分布】 国内分布于东半部大部分地区，北方繁殖，南迁至东南亚、南亚越冬。

【本地报告】 保护区内林地可见，夏候鸟，常见

【遇见月份】

1	2	3	4	5	6	7	8	9	10	11	12

黑枕黄鹂

卷尾科 Dicruridae

黑卷尾 *Dicrurus macrocercus*

【外部形态】体长约30cm。通体黑色，上体、胸部及尾羽具辉蓝色光泽。尾长为深凹形，最外侧一对尾羽向外上方卷曲。嘴和脚暗黑色。

【栖息生境】开阔地、村落。

【生态习性】常成对或集成小群活动，动作敏捷，边飞边叫。习性凶猛、喧闹。食物以昆虫为主，在飞行中能于空中捕食飞虫。巢常置于榆、柳等树顶部，细枝梢端的分叉处，杯状巢。

【地理分布】国内繁殖于吉林南部及黑龙江南部至华东、华中、西南及华南等地。

【本地报告】保护区内林地可见，夏候鸟，常见。

【遇见月份】

1	2	3	4	**5**	**6**	**7**	**8**	**9**	**10**	11	12

黑卷尾

灰卷尾

灰卷尾 *Dicrurus leucophaeus*

【外部形态】体长约28cm。全身羽色呈法兰绒浅灰色。前额基部黑色；眼先、眼周、脸颊部及耳羽区，连成界限清晰的纯白块斑。尾长而呈叉状，上有不明显的浅黑色横纹。嘴、跗跖与趾均黑色。

【栖息生境】林地。

【生态习性】通常成对或单个停留在高大乔木树冠顶端，捕食过往昆虫，也常见飞行捕捉猎物。食物以昆虫为主，偶尔也食植物果实与种子。巢置于阔叶高大乔木树冠枝杈间，呈浅杯状。

【地理分布】国内繁殖于吉林及黑龙江南部至华东、东南、华中、西南及西藏南部等地区，南迁越冬。

【本地报告】保护区内林地可见，夏候鸟，不常见。

【遇见月份】

1	2	3	4	**5**	**6**	**7**	**8**	**9**	**10**	11	12

卷尾科 Dicruridae

发冠卷尾 *Dicrurus hottentottus*

【外部形态】 体长约32cm。通体绒黑色缀蓝绿色金属光泽，额部具发丝状羽冠，外侧尾羽末端向上卷曲。嘴和跗跖黑色。

【栖息生境】 林地。

【生态习性】 单独或成对活动，很少成群。主要在树冠层活动和觅食。飞行快而有力，飞行姿势亦较优雅。主要以鞘翅目等各种昆虫为食，偶尔也吃少量植物果实、种子。通常营巢于高大乔木顶端枝杈上，呈浅杯状。

【地理分布】 国内繁殖于华中、华东、台湾、西藏东部及云南西部。

【本地报告】 保护区内林地可见，夏候鸟，罕见。

【遇见月份】

椋鸟科 Sturnidae

八哥 *Acridotheres cristatellus*

【外部形态】 体长约26cm。通体黑色，前额有长而竖直的羽簇，有如冠状，翅具白色翅斑，飞翔时尤为明显。尾羽和尾下覆羽具白色端斑。嘴乳黄色，脚黄色。

【栖息生境】 村落、城市绿地、开阔地。

【生态习性】 性喜结群，常立水牛背上，或集结于大树上，或成行站在屋脊上。主要以蝗虫等昆虫和昆虫幼虫为食，也吃谷粒、植物果实和种子等植物性食物。营巢于树洞、建筑物洞穴中。

【地理分布】 国内分布于长江中游水源处从四川东部及陕西南部至南方，包括海南岛及台湾。

【本地报告】 保护区内村落、林地、农田可见，留鸟，常见。

【遇见月份】

1	2	3	4	5	6	7	8	9	10	11	12

椋鸟科 Sturnidae

北椋鸟 *Sturnia sturninia*

【外部形态】体长约18cm。雄鸟头灰褐色，颈背具黑色斑块；两翼闪辉绿黑色并具醒目的白色翼斑；腹部白色。雌鸟和雄鸟大致相似，上体烟灰色，无紫色光泽，下体灰白色。嘴近黑色，脚爪绿色。

【栖息生境】林地、开阔地。

【生态习性】性喜成群，除繁殖期成对活动外，其他时候多成群活动。休息时多栖于电线上、电杆上和树木枯枝上。主要以昆虫为食，也吃少量植物果实与种子。

【地理分布】国内繁殖于东北，冬季迁徙经中国东南至华南及西南并海南岛，东南亚等地越冬。

【本地报告】保护区内林地、农田可见，旅鸟，罕见。

【遇见月份】

1	2	3	**4**	**5**	6	7	8	9	**10**	11	12

灰背椋鸟 *Sturnus sinensis*

【外部形态】体长约19cm。通体灰色，额、头顶及腹部偏白色，翅黑色，肩羽及翼上有醒目白斑，雌鸟白斑小于雄鸟。尾黑色，末端白。嘴灰色，脚灰色。

【栖息生境】开阔地、村落。

【生态习性】常成小群活动于地面，也与其他椋鸟混群。以昆虫为食，也吃蚯蚓、蜘蛛等其他无脊椎动物和植物果实与种子等。营巢于阔叶树天然树洞或啄木鸟废弃的树洞中，也在房屋墙壁或裂缝中营巢。

【地理分布】国内分布于东南、西南地区。

【本地报告】保护区南部地区有记录，罕见。

【遇见月份】

灰背椋鸟

丝光椋鸟 *Sturnia sericeus*

【外部形态】体长约24cm。雄鸟头、颈丝光白色或棕白色，背深灰色，胸灰色，往后均变淡，两翅和尾黑色。雌鸟头顶前部棕白色，后部暗灰色，上体灰褐色，下体浅灰褐色，其他同雄鸟。嘴朱红色，脚橙黄色。

【栖息生境】林地。

【生态习性】除繁殖期成对活动外，常成小群活动，冬季可见大群。常在地上觅食，有时亦见和其他鸟类一起在农田和草地上觅食。性较胆怯，见人即飞。主要以昆虫为食，也吃植物果实与种子。营巢于天然树洞或啄木鸟废弃的巢洞中，也在水泥电线杆顶端空洞中和人工巢箱中营巢。

【地理分布】国内分布于华南及东南大部分地区，包括台湾及海南岛。

【本地报告】保护区内村落、林地、农田可见，留鸟，常见。

【遇见月份】

1	2	3	4	5	6	7	8	9	10	11	12

丝光椋鸟

灰椋鸟

灰椋鸟 *Sturnia cineraceus*

【外部形态】体长约24cm。头顶至后颈黑色，额和头顶杂有白色，颊和耳羽白色微杂有黑色纵纹。上体灰褐色，尾上覆羽白色。嘴橙红色，尖端黑色，脚橙黄色。

【栖息生境】林地、农田开阔地。

【生态习性】性喜成群，除繁殖期成对活动外，其他时候多成群。常在草甸、农田等地上觅食，休息时多栖于电线上、电线杆上和树木枯枝上。主要以昆虫为食，也吃少量植物果实与种子。营巢于天然树洞或啄木鸟废弃的巢洞中，也在水泥电线杆顶端空洞中和人工巢箱中营巢。

【地理分布】国内繁殖于华北及东北等地，越冬南迁至南部地区。

【本地报告】保护区内村落、林地、农田可见，留鸟，常见。

【遇见月份】

1	2	3	4	5	6	7	8	9	10	11	12

紫翅椋鸟 *Sturnia vulgaris*

【外部形态】体长约21cm。体羽闪辉黑、紫、铜绿色，具不同程度白色点斑。嘴黄色，脚略红。

【栖息生境】开阔地。

【生态习性】平时结小群活动，迁徙时集大群。喜栖息于树梢或较高的树枝上，聚集在耕地上啄食。主要以各种昆虫为食，也吃植物性食物。

【地理分布】繁殖于新疆准噶尔盆地，迁徙时见于整个西部并偶见于华东及华南沿海。

【本地报告】保护区内村落、林地、农田可见，旅鸟，可能有越冬个体，偶见。

【遇见月份】

1	2	3	4	5	6	7	8	9	10	11	12

紫翅椋鸟

鸦科 Corvidae

喜鹊 *Pica pica*

【外部形态】 体长约45cm。头、颈、背至尾均为黑色，并自前往后分别呈现紫色、绿蓝色、绿色等光泽，双翅黑色而在翼肩有一大形白斑，尾远较翅长，呈楔形。腹面以胸为界，前黑后白。嘴、脚纯黑色。

【栖息生境】 林地、村落。

【生态习性】 大多成对生活，秋冬季节常集成数十只的大群。在旷野和田间觅食，杂食性，捕食昆虫、蛙类等小型动物，也盗食其他鸟类的卵和雏鸟，兼食瓜果、谷物、植物种子等。喜欢将巢筑在民宅旁的高大树木树冠的顶端，近似球形。

【地理分布】 国内分布于西藏南部、东南部及东部至四川西部和青海。

【本地报告】 保护区内村落、林地、农田可见，留鸟，常见。

【遇见月份】 1 2 3 4 5 6 7 8 9 10 11 12

灰喜鹊 *Cyanopica cyanus*

【外部形态】体长约35cm。额至后颈黑色，背灰色，两翅和尾灰蓝色。尾长、呈凸状具白色端斑。下体灰白色。嘴、脚黑色。

【栖息生境】林地。

【生态习性】除繁殖期成对活动外，其他季节多成小群活动，有时集成大群。经常穿梭似地在丛林间跳上跳下或飞来飞去，飞行迅速，不做长距离飞行。主要以昆虫等动物性食物为食，也吃植物果实。营巢于次生林和人工林中中等高度的乔木枝杈间，巢呈浅盘状。

【地理分布】国内广泛分布于华东及华北。

【本地报告】保护区内村落、林地可见，留鸟，常见。

【遇见月份】

1	2	3	4	5	6	7	8	9	10	11	12

灰喜鹊

达乌里寒鸦 *Corvus dauuricus*

【外部形态】体长约32cm。全身羽毛主要为黑色，仅后颈有一宽阔的白色颈圈向两侧延伸至胸和腹部，在黑色体羽衬托下极为醒目。嘴、脚黑色。

【栖息生境】村落、开阔地。

【生态习性】喜成群，有时也和其他鸦混群活动。主要以蝼蛄、甲虫、金龟子等昆虫为食。

【地理分布】国内繁殖于中国北部、中部及西南，越冬南迁东南部。

【本地报告】保护区内村落、林地、农田可见，冬候鸟，偶见。

【遇见月份】

1	2	3	4	5	6	7	8	9	10	11	12

达乌里寒鸦

秃鼻乌鸦 *Corvus frugilegus*

【外部形态】 体长约47cm。全身羽毛为黑色，但成鸟尖嘴基部的皮肤常色白且光秃。嘴、脚黑色。

【栖息生境】 村落、开阔地。

【生态习性】 常与寒鸦混群，取食于田野，常跟随家养动物。杂食性，主要以昆虫、植物种子、动物尸体等为食。冬季可集成数百只大群。

【地理分布】 繁殖于东北、华东及华中的大部地区，越冬至繁殖区南部及东南沿海地区、台湾和海南岛。

【本地报告】 保护区内村落、林地、农田可见，冬候鸟，偶见。

【遇见月份】

1	2	3	4	5	6	7	8	9	10	11	12

秃鼻乌鸦

小嘴乌鸦 *Corvus corone*

【外部形态】 体长约50cm。通体黑色，除头顶、后颈和颈侧之外的其它部分羽毛多少都带有一些蓝色、紫色和绿色的金属光泽。嘴、脚黑色。与大嘴乌鸦的区别在于额弓较低平，嘴虽强劲但形显细小。

【栖息生境】 村落、开阔地。

【生态习性】 喜结大群栖息。以无脊椎动物为主要食物，食性杂，喜吃尸体。

【地理分布】 国内繁殖于华中及华北，冬季南迁至华南及东南。

【本地报告】 保护区内村落、林地、农田可见，冬候鸟，偶见。

【遇见月份】

1	2	3	4	5	6	7	8	9	10	11	12

小嘴乌鸦

大嘴乌鸦

大嘴乌鸦 *Corvus macrorhynchos*

【外部形态】体长约50cm。通身漆黑，除头顶、后颈和颈侧之外的其它部分羽毛带有一些显蓝色、紫色和绿色的金属光泽。嘴、脚黑色。与小嘴乌鸦的区别在嘴粗厚且尾圆，头顶更显拱圆形。

【栖息生境】村落、开阔地。

【生态习性】除繁殖期间成对活动外，其他季节多成小群活动，有时亦见和其他鸦类混群。多在树上或地上栖息，也栖于电线杆上和屋脊上。性机警。主要以蝗虫等昆虫、昆虫幼虫和蛹为食，也吃雏鸟、鸟卵、鼠类、腐肉、动物尸体以及植物叶、芽、果实、种子和农作物种子等。营巢于高大乔木顶部枝杈处，呈碗状。

【地理分布】国内分布于除西北部外的大部分地区。

【本地报告】保护区内村落、林地、农田可见，留鸟，偶见。

【遇见月份】

1	2	3	4	5	6	7	8	9	10	11	12

白颈鸦 *Corvus pectoralis*

白颈鸦

【外部形态】体长约54cm。除颈后、上背、颈侧及前胸为白色并形成颈圈外，其余部分均为黑色。嘴、脚黑色。

【栖息生境】村落、开阔地。

【生态习性】很少集群。在地上觅食时常一步一步地向前移动，不时扭头向四处张望。性机警，难接近。主要以昆虫为食，也吃果实、种子、腐肉等。通常营巢于悬崖崖壁洞穴中，也在高大乔木的树洞和高大建筑物屋檐下筑巢。成群营巢。

【地理分布】国内分布于华东、华中及东南包括海南岛的多数地区。

【本地报告】保护区内村落、林地、农田可见，留鸟，偶见。

【遇见月份】

1	2	3	4	5	6	7	8	9	10	11	12

河乌科 Cinclidae

褐河乌 *Cinclus pallasii*

【外部形态】体长约21cm。全身体羽深褐色；尾较短。嘴黑色，脚铅灰色。

【栖息生境】山区溪流。

【生态习性】一般常单个或成对活动。飞行时常沿溪流，贴近水面飞行。能在水面浮游，也能在水底潜走。主要在水中取食，以水生昆虫及其他水生小型无脊椎动物为食，偶尔吃些植物叶子和禾本科植物种子。巢筑于河流两岸石隙间、石壁凹处、树根下或垂岩下边。

【地理分布】国内分布于华中、西南、华南，并东北及台湾。

【本地报告】保护区内有历史记录，但近年未见，留鸟，罕见。

【遇见月份】

1	2	3	4	5	6	7	8	9	10	11	12

褐河乌

鹪鹩科 Troglodytidae

鹪鹩 *Troglodytes troglodytes*

【外部形态】体长约10cm。上体棕褐色，下背至尾以及两翅满布黑褐色横斑，眉纹浅棕白色；头侧浅褐，而杂以棕白色细纹。翅短而圆，尾短而翘。下体浅棕褐色，自胸以下亦杂以黑褐色横斑。上嘴黑褐，下嘴较浅；跗跖与趾暗肉褐色。

【栖息生境】林地。

【生态习性】一般独自或成双或以家庭集小群进行活动。在灌木丛中迅速移动，常从低枝逐渐跃向高枝，尾巴翘得很高。主要以蜘蛛及象甲、蟑象等昆虫为食。

【地理分布】繁殖于我国东北、西北、华北等地，冬季南迁至华东及华南的沿海省份。

【本地报告】保护区内林地、农田可见，冬候鸟，偶见。

【遇见月份】

1	**2**	3	4	5	6	7	8	9	10	**11**	**12**

鹪鹩

日本歌鸲 *Erithacus akahige*

【外部形态】 体长约15cm。雄鸟头、颏、喉及上胸醒目的深橙棕色，颏中央微有一条黑色细纹；上体包括两翅黄褐色，在头顶上与额的橙棕色相混；尾栗红。下体前部橙棕，后部中央白而两肋灰，之间有道狭窄黑带。雌鸟上体似雄而稍淡，胸无黑带。嘴暗褐，跗跖和趾棕灰。

【栖息生境】 林地。

【生态习性】 性活跃，但机警。在地上走动时，常边走边将尾向上举得竖直，并不时发出似长哨声的鸣叫，稍稍受惊，就会立刻飞上树枝。主要捕食昆虫，有时吃浆果和种子。

【地理分布】 萨哈林岛、日本繁殖，越冬至我国南方地区。

【本地报告】 保护区内林地可见，旅鸟，罕见。

【遇见月份】

1	2	3	**4**	**5**	6	7	8	**9**	**10**	11	12

日本歌鸲

红尾歌鸲 *Luscinia sibilans*

【外部形态】 体长约13cm。头、上体橄榄褐色，尾羽棕栗色。下体颏、喉污灰白色，胸部具橄榄色扇贝形纹，两肋橄榄灰白色。嘴黑色，脚粉褐色。

【栖息生境】 林地。

【生态习性】 多单个活动于林下灌丛间，尾颤动有力。主要以昆虫为食。

【地理分布】 繁殖于东北亚，越冬至我国南方东部地区。

【本地报告】 保护区内林地可见，旅鸟，偶见。

【遇见月份】

1	2	3	**4**	**5**	6	7	8	**9**	**10**	11	12

红尾歌鸲

红喉歌鸲 *Luscinia calliope*【红点颏】

【外部形态】体长约16cm。雄鸟头部、上体主要为橄榄褐色。眉纹白色。颏部、喉部红色，周围有黑色狭纹。胸部灰色，腹部白色。雌鸟颏部、喉部不呈赤红色，而为白色。嘴暗褐色，基部色浅，脚褐色或褐黄色。

【栖息生境】林地。

【生态习性】地栖性强。常在树丛、灌木丛、芦苇丛、草丛中间跳跃。大多在近水地面觅食，边走边啄食。在地上疾驰时，经常稍稍停顿并将尾羽扇形展开。善于鸣唱。主要以昆虫为食，也吃少量植物性食物。

【地理分布】国内繁殖于我国东北、青海东北部至甘肃南部及四川。越冬于我国南方、台湾及海南岛。

【本地报告】保护区内林地可见，旅鸟或有越冬个体，偶见。

【遇见月份】

1	2	3	**4**	**5**	6	7	8	9	**10**	**11**	12

红喉歌鸲

蓝喉歌鸲 *Luscinia svecica*【蓝点颏】

【外部形态】体长约14cm。雄鸟头部、上体主要为褐色。眉纹白色，颏部、喉部辉蓝色，下面有黑色横纹。尾羽黑褐色，基部栗红色。下体白色。雌鸟似雄鸟，但颏部、喉部为棕白色。嘴黑色，脚肉褐色。

【栖息生境】湿地、开阔林地。

【生态习性】性情隐怯，常在地下作短距离奔跑，稍停时常扭动尾羽或将尾羽展开。善于鸣唱。主要以昆虫为食，也吃植物种子。

【地理分布】国内繁殖于我国西北、东北，迁徙经我国中东部。

【本地报告】保护区内林地可见，旅鸟，偶见。

【遇见月份】

1	2	**3**	**4**	**5**	6	7	8	9	10	11	**12**

蓝喉歌鸲

蓝歌鸲

蓝歌鸲 *Luscinia cyane*

【外部形态】体长约14cm。雄鸟上体青石蓝色，宽宽的黑色贯眼纹延至颈侧和胸侧，下体白。雌鸟上体橄榄褐，喉及胸褐色并具皮黄色鳞状斑纹，腰及尾上覆羽沾蓝。嘴黑色，脚粉白。

【栖息生境】林地。

【生态习性】栖于密林的地面或近地面处，性较机警。善于鸣唱。在林下灌丛和草丛中取食。主要以昆虫、蜘蛛为食。

【地理分布】国内繁殖于黑龙江。迁徙经华中至西南及华南越冬。

【本地报告】保护区内林地可见，旅鸟。偶见。

【遇见月份】

1	2	3	4	5	6	7	8	9	10	11	12

鹊鸲

鹊鸲 *Copsychus saularis*

【外部形态】体长约20cm。雄鸟头及上体大都黑色；翅具白斑；下体前黑后白。雌鸟在雄鸟的黑色部分代以灰褐色。嘴黑色，跗跖和趾黑色。

【栖息生境】村落、林地。

【生态习性】单独或成对活动。性活泼、大胆、好斗。休息时常展翅翘尾，有时将尾往上翘到背上。主要以昆虫为食，以及蜘蛛、小螺、蜈蚣等其他小型无脊椎动物，偶尔也吃植物果实与种子。通常营巢于树洞、墙壁、洞穴以及屋檐缝隙等处。

【地理分布】国内分布于长江流域以南多数地区。

【本地报告】保护区内村落、林地可见，留鸟，常见。

【遇见月份】

1	2	3	4	5	6	7	8	9	10	11	12

红胁蓝尾鸲 *Tarsiger cyanurus*

【外部形态】 体长约15cm。雄鸟头、上体蓝色，眉纹白；尾主要为黑褐色；下体颏、喉、胸棕白色，两胁橙红色或橙棕色。雌鸟上体橄榄褐色，尾黑褐色亦沾灰蓝色；下体和雄鸟相似。嘴黑色，脚淡红褐色。

【栖息生境】 林地。

【生态习性】 常单独或成对活动。主要为地栖性，性甚隐匿，多在林下地上奔跑或在灌木低枝间跳跃，停歇时常上下摆尾。主要以昆虫和昆虫幼虫为食，也吃少量植物果实与种子等植物性食物。

【地理分布】 国内繁殖于黑龙江，迁徙时经华东至长江以南等地越冬。

【本地报告】 保护区内村落、林地可见，冬候鸟，常见。

【遇见月份】

1	2	3	4	5	6	7	8	9	10	11	12

北红尾鸲 *Phoenicurus auroreus*

【外部形态】 体长约15cm。雄鸟头顶至上背石板灰色，下背和两翅黑色具明显的白色翅斑，腰、尾上覆羽和尾橙棕色；额基、颏、喉和上胸为黑色，其余下体橙棕色。雌鸟上体橄榄褐色，两翅黑褐色具白斑，眼圈微白，下体暗黄褐色。嘴、脚黑色。

【栖息生境】 林地、开阔地。

【生态习性】 常单独或成对活动。行动敏捷，常站立在枝头或突出物上，频繁地在地上和灌丛间跳来跳去，偶尔也在空中飞行捕食。主要以昆虫为食，偶尔吃浆果等。

【地理分布】 国内繁殖于东北及河北，在华南、东南越冬。

【本地报告】 保护区内村落、林地、农田可见，冬候鸟。常见。

【遇见月份】

1	2	3	4	5	6	7	8	9	10	11	12

红尾水鸲 *Rhyacornis fuliginosa*

【外部形态】 体长约14cm。雄鸟通体暗灰蓝色；翅黑褐色；尾栗红色。雌鸟上体灰褐色；翅褐色，具两道白色点状斑；尾羽白色。下体灰色，杂以不规则的白色细斑。嘴黑色，脚雄鸟黑色、雌鸟暗褐色。

【栖息生境】 山区溪流近岸。

【生态习性】 常单独或成对活动。多站立在水边石头上，停立时尾不断地上下摆动，间或将尾散开成扇状。飞行或快速奔跑啄食昆虫。主要以昆虫为食，也吃少量植物果实和种子。通常营巢于河谷与溪流岸边洞隙、岩石或土坎下凹陷处。

【地理分布】 国内分布于西藏西部、海南及华南大部。

【本地报告】 保护区内水域、沼泽湿地可见，留鸟，偶见。

【遇见月份】

1	2	3	4	5	6	7	8	9	10	11	12

黑喉石䳭 *Saxicola torquatus*

【外部形态】 体长约14cm。雄鸟头、喉部及飞羽黑色，颈及翼上具粗大的白斑。腰白，胸棕色。雌鸟色较暗而无黑色，喉部浅白色。嘴、脚黑色。

【栖息生境】 农田、灌丛等。

【生态习性】 常单独或成对活动。平时喜欢站在灌木枝头和小树顶枝上，若遇飞虫或见到地面有昆虫活动时，则立即疾速飞往捕之。主要以昆虫为食，也吃蚯蚓、蜘蛛等，以及少量植物果实和种子。

【地理分布】 国内繁殖于东北，越冬于长江以南，包括海南岛。

【本地报告】 保护区内农田、旷野可见，旅鸟，较常见。

【遇见月份】

1	2	3	**4**	**5**	6	7	8	**9**	**10**	**11**	12

灰林䳭 *Saxicola ferreus*

【外部形态】体长约15cm。雄鸟上体暗灰色具黑褐色纵纹，白色眉纹长而显著，两翅黑褐色具白色斑纹，下体白色，胸和两肋烟灰色。雌鸟上体红褐色微具黑色纵纹，下体颏、喉白色，其余下体棕白色。嘴和脚黑色。

【栖息生境】开阔灌丛及农田。

【生态习性】常单独或成对活动，有时亦集成小群。常停歇在灌木或小树顶枝上，当发现地面有昆虫时，则立刻飞下捕食。主要以昆虫为食，偶尔也吃植物果实、种子。营巢于低矮灌丛和草丛间，也置巢于地面。

【地理分布】国内分布于西藏东南、云南西部及华南大部。

【本地报告】保护区内林地、旷野、农田可见，旅鸟，偶见。

【遇见月份】

1	2	3	**4**	**5**	6	7	8	**9**	**10**	11	12

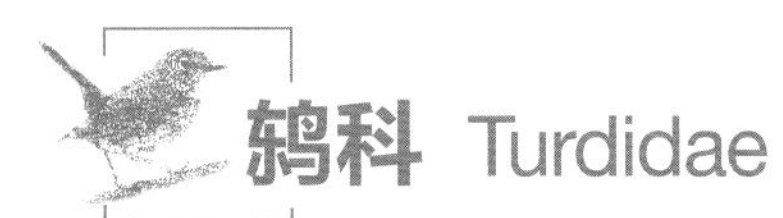

白喉矶鸫 *Monticola gularis*

【外部形态】 体长约19cm。雄鸟蓝色限于头顶、颈背及肩部的闪斑，头侧黑。喉白色，下体多橙栗色。雌鸟上体具黑色粗鳞状斑纹。嘴黑色，脚橘黄色。

【栖息生境】 山区多岩石的林地。

【生态习性】 常见站在树顶或岩石上。善于鸣唱。几乎完全以昆虫为食。

【地理分布】 国内繁殖于东北、河北及山西南部。冬季南迁至南部及极东南部。

【本地报告】 保护区内林地可见，旅鸟，偶见。

【遇见月份】

1	2	3	**4**	**5**	6	7	8	**9**	**10**	11	12

蓝矶鸫 *Monticola solitarius*

蓝矶鸫

【外部形态】体长约23cm。雄鸟上体几乎纯蓝色，两翅和尾近黑色；下体前蓝后栗红色。雌鸟上体蓝灰色，翅和尾亦呈黑色；下体棕白，各羽缀以黑色波状斑。嘴、脚黑色。

【栖息生境】山区多岩石的林地。

【生态习性】单独或成对活动。多在地上觅食，常从栖息的高处直落地面捕猎，或突然飞出捕食飞行的昆虫，然后飞回原栖息处。主要以昆虫为食。

【地理分布】国内繁殖于东北至河北、河南等地，迁徙时经我国南方大多数地区及台湾，越冬至南亚等地。

【本地报告】保护区内林地可见，旅鸟，偶见。

【遇见月份】

1	2	3	**4**	**5**	6	7	8	**9**	**10**	11	12

白眉地鸫

白眉地鸫 *Zoothera sibirica*

【外部形态】体长约23cm。雄鸟石板灰黑色，眉纹白，下腹及尾羽羽端白。雌鸟橄榄褐，下体皮黄白及赤褐，眉纹皮黄白色。嘴、脚黑色。

【栖息生境】林地。

【生态习性】性活泼，栖于森林地面及树间，有时结群。主要以昆虫为食，也吃植物果实、种子。

【地理分布】国内繁殖于东北地区，迁徙时经过东部省份。

【本地报告】保护区内林地可见，旅鸟，偶见。

【遇见月份】

1	2	3	4	**5**	6	7	8	**9**	**10**	11	12

虎斑地鸫 *Zoothera dauma*

【外部形态】 体长约28cm。雌雄羽色相似。上体金橄榄褐色满布黑色鳞片状斑。下体浅棕白色，除颏、喉和腹中部外，亦具黑色鳞状斑。嘴褐色，下嘴基部肉黄色，脚肉色或橙肉色。

【栖息生境】 林地。

【生态习性】 地栖性，常单独或成对活动，多在林下灌丛中或地上觅食。性胆怯，见人即飞。主要以昆虫和无脊椎动物为食，也吃少量植物果实、种子和嫩叶等植物性食物。

【地理分布】 国内繁殖于东北，迁徙时经过中国全境，越冬于华南及东南。

【本地报告】 保护区内林地可见，旅鸟，少数个体繁殖，较常见。

【遇见月份】

1	2	**3**	**4**	5	6	7	8	**9**	**10**	**11**	12

紫啸鸫 *Myophonus caeruleus*

【外部形态】 体长约32cm。全身羽毛呈黑暗的蓝紫色，各羽先端具亮紫色的水滴状斑，嘴、脚黑色。

【栖息生境】 林地。

【生态习性】 单独或成对活动。地栖性，常在溪边岩石或乱石丛间跳来跳去或飞上飞下，性活泼而机警。善鸣叫。主要以昆虫为食，偶尔吃少量植物果实与种子。通常营巢于溪边岩壁突出的岩石上或岩缝间。

【地理分布】 国内分布于华中、华东、华南、西南等地。

【本地报告】 江苏省南部地区，南京、句容等地有记录，夏候鸟，少数个体越冬。偶见。

【遇见月份】

1	2	3	4	5	6	7	8	9	10	11	12

鸫科 Turdidae

灰背鸫 *Turdus hortulorum*

【外部形态】体长约24cm。雄鸟上体石板灰色，颏、喉灰白色，胸淡灰色，两肋和翅下覆羽橙栗色，腹白色，两翅和尾黑色。雌鸟与雄鸟相似，但颏、喉呈淡棕黄色具黑褐色斑，尤以两侧斑点较稠密，胸淡黄白色具斑。雄鸟嘴黄褐色，雌鸟褐色，脚肉色或黄褐色。

【栖息生境】林地。

【生态习性】常单独或成对活动，春秋迁徙季节亦集成小群。地栖性，善于在地上跳跃行走、觅食。主要以昆虫为食，也吃蚯蚓等其他动物和植物果实与种子等。

【地理分布】国内繁殖于东北大部包括黑龙江北部，迁徙经东部的大多数地区，越冬于长江以南。

【本地报告】保护区内村落、林地可见，冬候鸟，常见。

【遇见月份】

1	2	3	4	5	6	7	8	9	10	11	12

灰背鸫

乌鸫 *Turdus merula*

【外部形态】体长约29cm。雄鸟全身黑褐色。雌鸟较雄鸟色淡，喉、胸有暗色纵纹。嘴橙黄色或黄色，脚黑色。

【栖息生境】村落、林地及开阔地。

【生态习性】常结小群在地面上奔跑。主要以昆虫为食，也吃蚯蚓等其他动物和植物果实与种子等。大都营巢于乔木的侧平枝梢上或树木主干分支处，碗状巢。

【地理分布】国内分布于华中、华东、华南、西南及东南等地。

【本地报告】保护区内村落、林地可见，留鸟，常见。

【遇见月份】

1	2	3	4	5	6	7	8	9	10	11	12

乌鸫

乌灰鸫

乌灰鸫 *Turdus cardis*

【外部形态】 体长约21cm。雄鸟上体纯黑灰，头及上胸黑色，下体余部白色，腹部及两肋具黑色点斑。雌鸟上体灰褐，下体白色，上胸具偏灰色的横斑，胸侧及两肋沾赤褐，胸及两侧具黑色点斑。雄鸟嘴黄色，雌鸟近黑；脚肉色。

【栖息生境】 林地。

【生态习性】 单独活动，迁徙时可结小群。多见于林下隐蔽处，甚羞怯、胆小、易受惊。主要以昆虫为食，也吃植物果实与种子等。

【地理分布】 国内繁殖于河南南部、湖北、安徽及贵州。冬季南迁至海南岛、广西及广东。

【本地报告】 保护区内林地可见，旅鸟，偶见。

【遇见月份】

1	2	3	**4**	**5**	6	7	8	**9**	**10**	11	12

赤胸鸫

赤胸鸫 *Turdus chrysolaus*

【外部形态】 体长约24cm。雄鸟头及喉近灰，上体、翼及尾全褐；胸及两肋黄褐色，腹部及臀白色。雌鸟与雄鸟相似，头褐色，喉偏白色。上嘴褐色，下嘴橘黄色，脚褐黄色。

【栖息生境】 林地。

【生态习性】 常单独或成对活动。地栖性强，善于在地上跳跃行走，多在地上活动和觅食。主要以昆虫为食，也吃其他小型无脊椎动物和植物果实与种子。

【地理分布】 繁殖于日本南部，越冬于华东、海南、台湾及菲律宾等地。

【本地报告】 保护区内林地可见，旅鸟，罕见。

【遇见月份】

1	2	3	**4**	**5**	6	7	8	**9**	**10**	11	12

白眉鸫 *Turdus obscurus*

【外部形态】 体长约23cm。雄鸟头、颈灰褐色，具长而显著的白色眉纹，眼下有一白斑；上体橄榄褐色，胸和两肋橙黄色，腹和尾下覆羽白色。雌鸟头和上体橄榄褐色，喉白色而具褐色条纹。其余和雄鸟相似，但羽色稍暗。上嘴褐色，下嘴黄色，脚褐红色。

【栖息生境】 林地。

【生态习性】 常单独或成对活动，迁徙季节亦见成群。性胆怯，常躲藏。主要以昆虫为食，也吃其他小型无脊椎动物和植物果实与种子。

【地理分布】 国内分布于除青藏高原外大部分地区。

【本地报告】 保护区内林地可见，旅鸟，常见。

【遇见月份】

1	2	3	**4**	**5**	6	7	8	**9**	**10**	**11**	12

白眉鸫

白腹鸫 *Turdus pallidus*

【外部形态】 体长约24cm。雄鸟头及喉灰褐，上体红褐色；胸及两肋褐灰，腹部淡白色。雌鸟与雄鸟相似，头浅褐色，喉偏白而略具细纹。上嘴灰色，下嘴黄色，脚浅褐色。

【栖息生境】 林地。

【生态习性】 常单独或成对活动，春秋迁徙季节亦集成小群。地栖性鸟类，性羞怯，善于在地上跳跃行走，多在地上活动和觅食。主要以昆虫为食，也吃其他小型无脊椎动物、植物果实与种子。

【地理分布】 国内繁殖于东北，迁徙经华中至长江以南达广东、海南岛，偶至云南及台湾越冬。

【本地报告】 保护区内林地可见，冬候鸟，常见。

【遇见月份】

1	**2**	**3**	**4**	5	6	7	8	9	**10**	**11**	**12**

白腹鸫

斑鸫 *Turdus eunomus*

【外部形态】 体长约25cm。头及上体暗橄榄褐色杂有黑色，眉纹白色。下体白色，喉、颈侧、两肋和胸具黑色斑点，有时在胸部密集成横带。嘴黑褐色，下嘴基部黄色，跗跖与趾淡褐色。

【栖息生境】 林地。

【生态习性】 多成小群，迁徙季节也集成大群。性活跃，一般在地上活动和觅食。主要以昆虫为食，也吃其他小型无脊椎动物和植物果实与种子。

【地理分布】 繁殖于东北亚，迁徙经过国内北方部分地区，于南方地区越冬。

【本地报告】 保护区内林地可见，冬候鸟，常见。

【遇见月份】

1	2	3	4	5	6	7	8	9	10	11	12

灰纹鹟 *Muscicapa griseisticta*

【外部形态】 体长约14cm。头及上体褐灰色。额具一狭窄的白色横带，眼圈白。翼具狭窄的白色翼斑。下体白，胸及两肋满布深灰色纵纹。嘴、脚黑色。

【栖息生境】 林地。

【生态习性】 单独活动，性隐蔽。常停歇在茂密的林下植被层及林间，多立于裸露低枝上，冲出捕捉过往飞虫，捕捉后飞回原处停歇。主要以昆虫为食。

【地理分布】 国内繁殖于极东北部，迁徙时经过华东、华中及华南和台湾。

【本地报告】 保护区内林地可见，旅鸟，常见。

【遇见月份】

1	2	3	**4**	**5**	6	7	8	9	**10**	**11**	12

乌鹟 *Muscicapa sibirica*

乌鹟

【外部形态】 体长约13cm。头及上体深灰，眼圈白色，下脸颊具黑色细纹，翼上具不明显皮黄色斑纹。喉白，通常具白色的半颈环；下体白色，上胸具灰褐色模糊带斑，两肋深色具烟灰色杂斑。嘴、脚黑色。

【栖息生境】 林地。

【生态习性】 单独活动，隐蔽。常停歇在林下茂密的植被层及林间，多立于裸露低枝上，冲出捕捉过往飞虫，之后回到原处。主要以昆虫为食。

【地理分布】 国内繁殖于东北，越冬于华南、华东等地。

【本地报告】 保护区内林地可见，旅鸟，偶见。

【遇见月份】

1	2	3	**4**	**5**	6	7	8	**9**	**10**	11	12

北灰鹟 *Muscicapa dauurica*

北灰鹟

【外部形态】 体长约13cm。头及上体灰褐，眼圈白色。下体偏白，胸侧及两肋褐灰。 嘴黑色，下嘴基黄色；脚黑色。

【栖息生境】 林地。

【生态习性】 单独活动，性隐蔽。常停歇在茂密的林下植被层及林间，多立于裸露低枝上，冲出捕捉过往飞虫，之后回到原处。主要以昆虫为食。

【地理分布】 国内繁殖于北方包括东北，迁徙经华东、华中及台湾，冬季至南方包括海南岛越冬。

【本地报告】 保护区内林地可见，旅鸟，常见。

【遇见月份】

1	2	3	**4**	**5**	6	7	8	**9**	**10**	11	12

铜蓝鹟 *Eumyias thalassinus*

【外部形态】 体长约16cm。雄鸟通体为鲜艳的铜蓝色，额基和眼先黑色，尾下覆羽具白色端斑。雌鸟和雄鸟大致相似，但不如雄鸟羽色鲜艳，下体灰蓝色，颏近灰白色。嘴黑色，脚黑色。

【栖息生境】 林地。

【生态习性】 常单独或成对活动，多在高大乔木冠层，也到林下灌木和小树上活动，但很少下到地上。性大胆，不甚怕人，频繁地飞到空中捕食飞行性昆虫。主要以昆虫为食，也吃部分植物果实和种子。通常营巢于岸边、岩坡和树根下的洞中或石隙间，也在树洞、废弃房舍墙壁洞穴中营巢。

【地理分布】 国内分布在我国西南地区云南、贵州、四川等地，东部福建、浙江有记录。

【本地报告】 保护区南部地区有罕见记录，夏候鸟。

【遇见月份】

1	2	3	4	**5**	6	7	8	9	10	11	12

铜蓝鹟

白眉姬鹟

白眉姬鹟 *Ficedula zanthopygia*

【外部形态】 体长约13cm。雄鸟上体大部黑色，眉纹白色，在黑色的头上极为醒目；腰鲜黄色，两翅和尾黑色，翅上具白斑；下体鲜黄色。雌鸟上体大部橄榄绿色，腰黄，翅上亦具白斑；下体淡黄绿色。嘴、脚黑色。

【栖息生境】 林地。

【生态习性】 常单独或成对活动，多在树冠下层低枝处活动和觅食，也常飞到空中捕食飞行性昆虫，捉到昆虫后又落于较高的枝头上。主要以昆虫为食。营巢于天然树洞或啄木鸟废弃的巢洞中，也可在人工巢箱、柴垛缝隙中。

【地理分布】 国内繁殖于我国东北、华中、华东，迁徙经我国南方。

【本地报告】 保护区内林地可见，夏候鸟，常见。

【遇见月份】

1	2	3	**4**	**5**	**6**	**7**	**8**	**9**	10	11	12

黄眉姬鹟 *Ficedula narcissina*

【外部形态】 体长约13cm。雄鸟上体黑色，眉纹黄色，翼具白色块斑，腰黄；下体多为橘黄色。雌鸟上体橄榄灰，尾棕色，下体浅褐沾黄。嘴、脚黑色。

【栖息生境】 林地。

【生态习性】 常单独或成对活动，多在树冠下层低枝处活动和觅食，也常飞到空中捕食飞行性昆虫，捉到昆虫后又落于较高的枝头上。主要以昆虫为食。

【地理分布】 繁殖于东北亚，东南亚地区越冬，迁徙经我国华东、华南及台湾，至菲律宾；部分鸟在海南岛越冬。

【本地报告】 保护区内林地可见，旅鸟，偶见。

【遇见月份】

1	2	3	**4**	**5**	6	7	8	9	**10**	11	12

鸲姬鹟 *Ficedula mugimaki*

【外部形态】 体长约13cm。雄鸟上体灰黑，狭窄的白色眉纹于眼后；翼上具明显的白斑；喉、胸及腹侧橘黄；腹中部及尾下覆羽白色。雌鸟上体褐色，下体似雄鸟但色淡，尾无白色。嘴黑褐色，脚褐色。

【栖息生境】 林地。

【生态习性】 常单独或成对活动，在林间作短距离的快速飞行。多在树冠下层低枝处活动和觅食，也常飞到空中捕食飞行性昆虫，捉到昆虫后又落于较高的枝头上。主要以昆虫为食。

【地理分布】 国内繁殖于我国东北，过境鸟经华东、华中及台湾。

【本地报告】 保护区内林地可见，旅鸟，较常见。

【遇见月份】

1	2	3	4	5	6	7	8	9	10	11	12
1	2	3	**4**	**5**	6	7	8	9	**10**	**11**	12

鸲姬鹟

白腹蓝姬鹟 *Cyanoptila cyanomelana*

【外部形态】 体长约17cm。雄鸟头及上体、翼、尾钴蓝色，外侧尾羽基部白色；眼先、耳羽、喉、胸及两肋黑色，下体余部白色。雌鸟上体橄榄褐色，腰至尾转浅赤褐色；下体白色，颈侧、喉、胸及两肋沾橄榄褐色。嘴、脚黑色。

【栖息生境】 林地。

【生态习性】 活动于林中高处，栖息在树枝上突击捕捉昆虫，也能飞行追捕飞虫。主要以昆虫为食。

【地理分布】 繁殖于日本、朝鲜、我国东北及俄罗斯等地，越冬至东南亚，部分在台湾及海南岛越冬。

【本地报告】 保护区内林地可见，旅鸟，较常见。

【遇见月份】

1	2	3	4	5	6	7	8	9	10	11	12
1	2	3	**4**	**5**	6	7	8	**9**	**10**	11	12

白腹蓝姬鹟

白腹蓝姬鹟

王鹟科 Monarchidae

紫寿带 *Terpsiphone atrocaudata*

【外部形态】 体长约20cm。雄鸟头黑，具冠羽，眼周蓝色；上体黑栗色，有金属光泽；中央尾羽黑色，特别延长；胸部黑色，腹白色。雌鸟头黑色，上体棕褐色，腹淡白，无特长的中央尾羽。嘴蓝色，脚偏蓝。

【栖息生境】 林地。

【生态习性】 常单独或成对活动，偶尔也见小群。性羞怯，常活动在森林中下层茂密的树枝间，时而在树枝上跳来跳去。杂食性，在森林较低层处捕食，主要以昆虫为食。

【地理分布】 繁殖于日本、朝鲜、台湾，越冬至东南亚，迁徙时见于我国东部。

【本地报告】 保护区内林地可见，旅鸟，偶见。

【遇见月份】

1	2	3	**4**	**5**	6	7	8	**9**	**10**	11	12

紫寿带

寿带 *Terpsiphone paradisi*

【外部形态】 体长约22cm。雄鸟有栗色型和白色型。栗色型雄鸟头部黑色，闪金属光泽，颈部灰，眼周蓝色；上体栗色，中央尾羽特别延长；喉灰色，前胸沾灰，其余下体白色。白色型雄鸟头部黑色，其余全体主为白色。雌鸟似栗色型雄鸟，中央尾羽不延长。嘴钴蓝色或蓝色，脚钴蓝色或铅蓝色。

【栖息生境】 林地。

【生态习性】 常单独或成对活动，偶尔也见小群。性羞怯，常活动在森林中下层茂密的树枝间，时而在树枝上跳来跳去。主要以昆虫和昆虫幼虫为食，也会吃很少量的植物种子。营巢于树枝杈上和竹上，巢呈倒圆锥形。

【地理分布】 繁殖于华北、华中、华南及东南的大部分地区。

【本地报告】 保护区内林地可见，夏候鸟，偶见。

【遇见月份】

1	2	3	4	**5**	**6**	**7**	**8**	**9**	**10**	11	12

寿带

灰头鸦雀 *Paradoxornis gularis*

【外部形态】 体长约18cm。头、颈灰色，前额黑色，黑色眉纹长而宽阔，极为醒目。上体包括两翅和尾概为棕褐色，颊和下体白色，喉中部黑色。嘴短厚，橙黄色，脚趾铅褐色或黑褐色。

【栖息生境】 灌丛、竹林。

【生态习性】 单独或成对活动，也集小群。性活泼，行动敏捷，频繁地在灌木枝间跳跃或飞来飞去。主要以昆虫和昆虫幼虫为食，也吃植物果实和种子。营巢于林下幼树或竹的枝杈间，巢呈杯状。

【地理分布】 国内分布于长江以南及四川、海南岛。

【本地报告】 保护区内林地可见，留鸟，罕见。

【遇见月份】

1	2	3	4	5	6	7	8	9	10	11	12

灰头鸦雀

棕头鸦雀 *Paradoxornis webbianus*

【外部形态】 体长约12cm。头顶至上背棕红色，上体余部橄榄褐色，翅红棕色，尾暗褐色。喉、胸粉红色，下体余部淡黄褐色。嘴黑褐色，脚铅褐色。

【栖息生境】 灌丛、芦苇地等。

【生态习性】 常成对或成小群活动。性活泼而大胆，在灌木或小树枝叶间攀缘跳跃，一般都短距离低空飞翔，常边飞边叫。主要以甲虫等昆虫、蜘蛛等为食，也吃植物果实与种子等。通常营巢于灌木或竹丛上。

【地理分布】 见于我国绝大部分地区，包括华中、华东、华南、东南、东北、台湾等地。

【本地报告】 保护区内林地、沼泽湿地可见，留鸟。常见。

【遇见月份】

1	2	3	4	5	6	7	8	9	10	11	12

棕头鸦雀

棕头鸦雀

震旦鸦雀 *Paradoxornis heudei*

【外部形态】 体长约18cm。额、头顶及颈背灰色，长眉纹黑色。上背黄褐，通常具黑色纵纹；下背黄褐。颏、喉及腹近白，两肋黄褐。嘴黄色，粗壮勾曲；脚淡黄色。

【栖息生境】 芦苇地。

【生态习性】 单只和集小群活动。活泼好动，常常会在芦苇秆之间跳来跳去，寻找苇秆里和芦苇表面的虫子为食。营巢于芦苇丛中。

【地理分布】 零星见于黑龙江下游、辽宁、长江流域、江苏沿海的芦苇地。

【本地报告】 保护区内沼泽湿地可见，留鸟，较常见。

【遇见月份】

1	2	3	4	5	6	7	8	9	10	11	12

扇尾莺科 Cistocolidae

棕扇尾莺 *Cisticola juncidis*

【外部形态】体长约10cm。头与上体栗棕色，有粗黑褐色羽干纹。两翅暗褐色，羽缘栗棕色。下体白色，两肋沾棕色。上嘴褐色，下嘴粉红色，脚肉色。

【栖息生境】灌丛、芦苇地。

【生态习性】单独或成对活动，也集小群。性活泼，繁殖期常见起飞时冲天直上，在高空翱翔和做圈状炫飞，然后两翅收拢、急速直下。主要以昆虫和昆虫幼虫为食，也吃蜘蛛等小型无脊椎动物和杂草种子等植物性食物。通常营巢于草丛中，巢呈梨形、椭圆形或吊囊状，开口于上面或侧上方。

【地理分布】繁殖于我国华东及华中，越冬至华南及东南。

【本地报告】保护区内旷野、沼泽湿地可见，留鸟，较常见。

【遇见月份】

1	2	3	4	5	6	7	8	9	10	11	12

棕扇尾莺

莺科 Sylviidae

鳞头树莺 *Urosphena squameiceps*

【外部形态】体长约10cm。头顶具黑褐色鳞状斑纹；眉纹皮黄色。上体棕褐色或橄榄褐色，尾极短。下体污白，两肋和胸缀以褐色。上嘴褐色，下嘴肉色；脚淡红色。

【栖息生境】灌丛、林地。

【生态习性】常单个或成对地活动于林下灌丛、草丛、地面和倒木下，也见于腐木堆、树根间活动，行动极为轻快灵活。主要以昆虫为食。

【地理分布】繁殖于我国东北，经华中、华东至东南、华南及台湾越冬。

【本地报告】保护区内林地可见，旅鸟，不常见。

【遇见月份】

1	2	3	**4**	**5**	6	7	8	**9**	**10**	11	12

鳞头树莺

远东树莺 *Cettia canturians*

【外部形态】 体长约17cm。通体棕色。皮黄色的眉纹显著，贯眼纹深褐，无翼斑或顶纹。上嘴褐色，下嘴色浅，脚粉红色。

【栖息生境】 芦苇地、灌丛、林地。

【生态习性】 常单独或成对活动，性胆怯，多在树木及草丛下层枝间上下跳动。主要以昆虫为食。通常营巢于林缘地边、道边灌丛特别稠密的地带，近地面树枝上。

【地理分布】 繁殖于东北、华中至华东，越冬于长江以南的华南、东南及海南岛。

【本地报告】 保护区内林地可见，夏候鸟，较常见。

【遇见月份】

1	2	3	**4**	**5**	**6**	7	8	9	**10**	11	12

远东树莺

短翅树莺 *Cettia diphone*【日本树莺】

【外部形态】 体长约15cm。头及上体棕褐色，眉纹皮黄色，贯眼纹深褐色。下体污白，胸、两肋和尾下覆羽沾皮黄色。上嘴褐色，下嘴淡灰褐色；脚灰角色。

【栖息生境】 灌丛、林地。

【生态习性】 常单独或成对活动，性胆怯，多在树木及草丛下层枝间上下跳动。主要以昆虫为食。

【地理分布】 繁殖于日本及中国东北部，越冬于我国东部及台湾。

【本地报告】 保护区内林地可见，旅鸟，偶见。

【遇见月份】

1	2	3	**4**	**5**	6	7	8	9	**10**	11	12

短翅树莺

莺科 Sylviidae

强脚树莺 *Cettia fortipes*

强脚树莺

【外部形态】体长约12cm。头及上体橄榄褐色，具较长的皮黄色眉纹。喉及腹部中央白色，但稍沾灰；胸侧、两肋灰褐。上嘴褐色，下嘴色较淡，脚淡棕色。

【栖息生境】灌丛、林地。

【生态习性】不停地穿梭于茂密的枝间，常常只闻其声，不见其影。主要以昆虫为食，也兼食一些植物，如野果和杂草种子。营巢于草丛和灌丛上，巢呈横杯形，巢口位于侧面。

【地理分布】见于我国华中、华南、东南、西南、西藏南部及台湾。

【本地报告】保护区内林地可见，旅鸟，部分繁殖个体，常见。

【遇见月份】

1	2	3	**4**	**5**	**6**	**7**	**8**	**9**	**10**	**11**	12

小蝗莺 *Locustella certhiola*

【外部形态】体长约15cm。上体橙褐色，头顶至背部具显著的黑褐色纵纹。下体的喉、颏、腹近白色，胸部淡棕褐色。嘴暗褐色，下嘴基黄褐色，脚暗褐色。

【栖息生境】灌丛、芦苇地。

【生态习性】常单独或成对活动。性怯懦，活动很隐蔽，善于藏匿，平时总是躲避在芦苇、灌丛或高草丛中。繁殖季节雄鸟常站在芦苇、灌木、高草的顶端鸣叫，并不时地飞入空中边飞边叫，然后再滑翔而降。主要以各种昆虫及其幼虫为食，偶尔也吃少量植物性食物。

【地理分布】繁殖于亚洲北部、我国西北、东北等地，越冬于东南亚等地，迁徙时见于我国东部。

【本地报告】保护区内沼泽湿地可见，旅鸟，罕见。

【遇见月份】

1	2	3	**4**	**5**	6	7	8	9	**10**	11	12

小蝗莺

北蝗莺 *Locustella ochotensis*

【外部形态】 体长约16cm。头及上体橄榄褐色，头顶具不甚明显的黑褐色羽干纹，眉纹淡灰皮黄色；贯眼纹橄榄褐色。下体乳白，两肋及尾下覆羽橄榄褐色。上嘴褐色，下嘴微染红色；脚肉色。

【栖息生境】 灌丛、芦苇地。

【生态习性】 行动很隐蔽，遇到干扰时突然从地上飞起，飞不多远又落入附近的灌丛、草丛中。主要以昆虫及其幼虫为食。

【地理分布】 繁殖于东北亚，越冬迁至我国南方、菲律宾等地，迁徙见于我国东部沿海、广东及台湾。

【本地报告】 保护区内沼泽湿地可见，旅鸟，罕见。

【遇见月份】

1	2	3	**4**	**5**	6	7	8	9	**10**	11	12

北蝗莺

黑眉苇莺

黑眉苇莺 *Acrocephalus bistrigicep*

【外部形态】 体长约13cm。眉纹淡黄褐色，上方具一条显著的黑色条纹，贯眼纹淡棕褐色，上体呈橄榄棕褐色。下体羽污白色，沾棕色；胸部和两肋均缀深棕褐色。

【栖息生境】 灌丛、芦苇地。

【生态习性】 喜在近水的草丛和灌丛中活动。繁殖期间常站在开阔草地上的小灌木或蒿草梢上鸣叫。主要以昆虫及其幼虫为食。营巢于灌丛和芦苇上。

【地理分布】 繁殖于我国东北、河北、河南、陕西南部及长江下游。迁徙时见于华南及东南，部分鸟在广东及香港越冬。

【本地报告】 保护区内水域、沼泽湿地可见，夏候鸟，不常见。

【遇见月份】

1	2	3	**4**	**5**	**6**	**7**	**8**	9	10	11	12

东方大苇莺 *Acrocephalus orientalis*

【外部形态】 体长约19cm。头及上体呈黄褐色，具显著的皮黄色眉纹。下体淡棕黄色。上嘴黑褐色，下嘴色浅，脚淡铅蓝色。

【栖息生境】 灌丛、芦苇地。

【生态习性】 性活跃，常单独或成对地在草茎、芦苇丛和灌丛之间跳跃、攀缘。繁殖期间常站在巢附近的芦苇或小树枝顶端长时间鸣叫。主要以甲虫等昆虫为食，也吃蜘蛛、蜗牛等无脊椎动物和少量植物果实与种子。营巢于芦苇丛、灌丛，巢呈杯形，固定在植物或芦苇茎上。

【地理分布】 繁殖于于我国北部、华中、华东及东南，南迁越冬。

【本地报告】 保护区内水域、沼泽湿地可见，夏候鸟，常见。

【遇见月份】

1	2	3	4	5	6	7	8	9	10	11	12

东方大苇莺

厚嘴苇莺

厚嘴苇莺 *Acrocephalus aedon*

【外部形态】 体长约20cm。头及上体棕褐色；腰和尾上覆羽转为鲜亮棕褐色；眼先、眼周皮黄色；尾羽棕褐色。下体颏、喉部和腹部中央均为白色，并微沾棕黄色；胸部和两肋呈淡棕色。嘴黑褐色，下嘴基部淡黄褐色，脚铅褐色。

【栖息生境】 灌丛、芦苇地。

【生态习性】 栖息于林缘、路边、岸边灌丛、草丛中。行为隐蔽，行动迅速敏捷。主要以昆虫为食，也捕食蜘蛛、蛞蝓等小型无脊椎动物。

【地理分布】 繁殖于内蒙古、东北，迁徙经东部，越冬至南亚、东南亚等地。

【本地报告】 保护区内水域、沼泽湿地可见，旅鸟，罕见。

【遇见月份】

1	2	3	4	5	6	7	8	9	10	11	12

褐柳莺 *Phylloscopus fuscatus*

【外部形态】 体长约11cm。上体灰褐，眉纹棕白色，贯眼纹暗褐色。颏、喉白色沾皮黄色，其余下体乳白色，胸及两肋沾黄褐。上嘴黑褐色，下嘴橙黄色，脚淡褐色。

【栖息生境】 林地。

【生态习性】 常单独或成对活动，多在林下、林缘和溪边灌丛与草丛中活动。喜欢在树枝间跳来跳去。主要以昆虫为食。

【地理分布】 繁殖于我国东北、西南地区，冬季南迁至南部。

【本地报告】 保护区内林地、沼泽湿地可见，旅鸟，少数个体越冬，较常见。

【遇见月份】

1	2	3	4	5	6	7	8	9	10	11	12

褐柳莺

黄腰柳莺 *Phylloscopus proregulus*

【外部形态】 体长约9cm。上体橄榄绿色；腰部有明显的黄带；翅上两条深黄色翼斑明显；腹面近白色。嘴近黑，下嘴基部淡黄；脚淡褐色。

【栖息生境】 林地。

【生态习性】 迁徙期间常呈小群活动于林缘次生林、柳丛、道旁疏林灌丛中。性活泼、行动敏捷，常在树顶枝叶间跳来跳去寻觅食物，食物主要为昆虫。

【地理分布】 繁殖于亚洲北部、我国东北，迁徙时除西北地区几乎遍及全国，在长江以南越冬。

【本地报告】 保护区内林地可见，旅鸟，少数个体可能越冬，常见。

【遇见月份】

1	2	3	4	5	6	7	8	9	10	11	12

黄腰柳莺

黄眉柳莺 *Phylloscopus inornatus*

【外部形态】 体长约11cm。上体橄榄绿色；眉纹淡黄绿色；翅具两道浅黄绿色翼斑；下体为沾绿黄的白色。嘴黑色，下嘴基部淡黄，脚淡棕褐色。

【栖息生境】 林地。

【生态习性】 常单独或小群活动。常飞落在树的下方，再窜跃向上，几乎从不停歇，动作轻巧、灵活。主要以昆虫为食。

【地理分布】 繁殖于亚洲北部、我国东北，迁徙经我国大部地区，至西藏南部及西南、华南及东南，包括海南岛及台湾越冬。

【本地报告】 保护区内林地可见，旅鸟，常见。

【遇见月份】

1	2	3	4	5	6	7	8	9	10	11	12

巨嘴柳莺 *Phylloscopus schwarzi*

【外部形态】 体长约12cm。眉纹棕色，贯眼纹暗褐色。头及上体橄榄褐色。颏、喉近白色；腹部棕黄色；胸、两肋及腋羽、尾下覆羽均呈浓、淡不等的棕黄色。上嘴黑色，下嘴基部黄褐色，脚黄褐色。

【栖息生境】 林地。

【生态习性】 在林下灌丛、矮树枝上或林缘草地觅食，在密枝上急跃，性胆小而机警。食物主要为昆虫。

【地理分布】 繁殖于亚洲北部、我国东北，越冬至我国南方、缅甸等地，迁徙时经华东及华中。

【本地报告】 保护区内林地可见，旅鸟，偶见。

【遇见月份】

1	2	3	**4**	**5**	6	7	8	9	**10**	11	12

巨嘴柳莺

极北柳莺 *Phylloscopus borealis*

【外部形态】 体长约12cm。体概呈灰橄榄绿色；黄白色眉纹显著；大覆羽先端黄白色，形成一道翅上翼斑；下体白色沾黄。嘴黑褐色，下嘴黄褐色；跗跖和趾肉色。

【栖息生境】 林地。

【生态习性】 单只、成对或成小群活动，有时也和其它柳莺一道活动于乔木顶端，动作轻快敏捷，叫声洪亮。主要以昆虫为食。

【地理分布】 繁殖于亚洲北部、我国东北，越冬至印度等地，迁徙经我国东部地区。

【本地报告】 保护区内林地可见，旅鸟，常见。

【遇见月份】

1	2	3	**4**	**5**	6	7	8	**9**	**10**	**11**	12

极北柳莺

双斑绿柳莺 *Phylloscopus plumbeitarsus*

【外部形态】体长约12cm。上体呈橄榄绿色；眉纹淡黄色；贯眼纹暗褐色；翅黑褐，翅上具两道淡黄色翅上翼斑。下体白色沾黄。上嘴黑褐色，下嘴淡黄褐色；脚暗褐色。

【栖息生境】林地。

【生态习性】迁徙期间常成小群活动在林缘或道旁次生林及灌丛中，性活跃，常在树枝间飞来飞去。主要以昆虫为食。

【地理分布】繁殖于西伯利亚、我国东北，迁徙时经华北、华中至华南，越冬于海南岛、泰国等。

【本地报告】保护区内林地可见，旅鸟，偶见。

【遇见月份】

1	2	3	**4**	**5**	6	7	8	9	**10**	11	12

双斑绿柳莺

淡脚柳莺

淡脚柳莺 *Phylloscopus tenellipes*

【外部形态】体长约11cm。上体橄榄褐色，眉纹皮黄。下体白，两肋及臀淡皮黄。嘴褐色；脚浅肉色。

【栖息生境】林地。

【生态习性】常单只、成对或结成小群活动。性活泼，行动敏捷，常在树枝间跳来跳去。主要以昆虫为食。

【地理分布】繁殖于我国东北等地，越冬至东南亚，迁徙经我国沿海各省至云南。

【本地报告】保护区内林地可见，旅鸟，较常见。

【遇见月份】

1	2	3	**4**	**5**	6	7	8	**9**	**10**	11	12

冕柳莺 *Phylloscopus coronatus*

【外部形态】体长约12cm。头顶中央有一条淡黄色冠纹；眉纹前端黄色，后端淡黄色或黄白色；贯眼纹呈暗褐色。上体橄榄绿。下体银白色，稍沾黄色；肋部沾灰，尾下覆羽辉黄色。上嘴褐色，下嘴苍黄色；跗跖和趾绿褐色。

【栖息生境】林地。

【生态习性】多在阔叶树的树冠活动、取食。主要以昆虫为食。

【地理分布】繁殖于吉林长白山、河北及四川，迁徙时见于华东及华南，偶见于台湾。

【本地报告】保护区内林地可见，旅鸟，较常见。

【遇见月份】

1	2	3	**4**	**5**	6	7	8	**9**	**10**	11	12

冕柳莺

斑背大尾莺 *Megalurus pryeri*

【外部形态】体长约12cm。上体淡皮黄褐色具黑色纵纹，尤以背部黑色纵纹更粗显；眉纹白色。下体白色；两肋和尾下覆羽淡皮黄色。上嘴亮黑，下嘴粉红色，脚粉红色。

【栖息生境】芦苇地。

【生态习性】成对或单独地活跃于芦苇丛和草丛中，常喜欢栖于灌丛或草丛顶端。善跳跃。若遇惊吓，仅飞出几米远即落入芦苇丛或草丛中。主要以昆虫为食。

【地理分布】繁殖于日本及中国东北。越冬于中国中部。崇明东滩自然保护区有繁殖个体。

【本地报告】保护区内林地可见，旅鸟，少数个体留居繁殖，罕见。

【遇见月份】

1	2	3	**4**	**5**	**6**	7	8	9	10	11	12

斑背大尾莺

戴菊科 Regulidae

戴菊 *Regulus regulus*

【外部形态】 体长约9cm。上体橄榄绿色。头顶中央具柠檬黄色或橙黄色羽冠，两侧有明显的黑色侧冠纹，眼周灰白色。腰和尾上覆羽黄绿色，两翅和尾黑褐色，翅上具两道淡黄白色翅斑。下体白色，羽端沾黄色，两肋沾橄榄灰色。嘴黑色，脚淡褐色。

【栖息生境】 林地。

【生态习性】 繁殖期单独或成对活动外，其他时间多成群。性活泼好动，行动敏捷，白天几乎不停地在活动，常在针叶树枝间跳来跳去。主要以各种昆虫为食，也吃蜘蛛和其他小型无脊椎动物，冬季也吃少量植物种子。

【地理分布】 见于我国新疆西部、西藏南部、东北北部及西南地区繁殖，越冬至华东和台湾。

【本地报告】 保护区内林地可见，冬候鸟，不常见。

【遇见月份】

1	2	3	4	5	6	7	8	9	10	11	12

绣眼鸟科 Zosteropidae

红肋绣眼鸟 *Zosterops erythropleurus*

【外部形态】 体长约12cm。与暗绿绣眼鸟相似，但上体灰色较多，两肋栗色，黄色的喉斑较小，头顶无黄色。上嘴褐，下嘴呈肉色或蓝色，跗跖和趾呈蓝铅色或红褐色。

【栖息生境】 林地。

【生态习性】 常单独、成对或成小群活动，迁徙季节和冬季喜欢成群。夏季主要以昆虫为食，冬季则以植物性食物为主。

【地理分布】 繁殖于我国东北，越冬南迁至华中、华东及华南。

【本地报告】 保护区内林地可见，旅鸟，偶见。

【遇见月份】

1	2	3	4	5	6	7	8	9	10	11	12

绣眼鸟科 Zosteropidae

暗绿绣眼鸟 *Zosterops japonicus*

【外部形态】 体长约10cm。上体绿色，眼周有一白色眼圈极为醒目。下体白色，颏、喉和尾下覆羽淡黄色。嘴黑色，下嘴基部稍淡，脚暗铅色或灰黑色。

【栖息生境】 林地。

【生态习性】 常单独、成对或成小群活动，迁徙季节和冬季喜欢成群在次生林和灌丛枝叶与花丛间穿梭跳跃。夏季主要以昆虫为食，冬季则以植物性食物为主。营巢于阔叶或针叶树及灌木上，巢呈吊篮状或杯状。

【地理分布】 见于我国华东、华南、西南、华中、海南岛及台湾，北方繁殖鸟冬季南迁。

【本地报告】 保护区内林地可见，留鸟，常见。

【遇见月份】

1	2	3	4	5	6	7	8	9	10	11	12

攀雀科 Remizidae

中华攀雀 *Remiz consobrinus*

【外部形态】 体长约11cm。雄鸟头灰白色，额及宽阔的贯眼纹黑色，上体棕褐色，下体淡棕褐色。雌鸟与雄鸟相似，色浅。嘴深褐至灰色，脚深灰。

【栖息生境】 芦苇地。

【生态习性】 冬季成群，特喜芦苇地栖息环境。主要以昆虫为食，也吃植物的叶、花、芽、花粉和汁液。

【地理分布】 繁殖于俄罗斯及我国东北，冬季南迁至东部，甚至香港。

【本地报告】 保护区内沼泽湿地可见，冬候鸟，较常见。

【遇见月份】

1	2	3	4	5	6	7	8	9	10	11	12

长尾山雀科 Aegithalidae

红头长尾山雀 *Aegithalos concinnus*

【外部形态】 体长约10cm。头顶栗红色，黑色贯眼纹宽阔并向后延伸。背蓝灰色，尾长呈凸状，外侧尾羽具楔形白斑。颏、喉白色，喉中部具黑色块斑，胸、腹淡棕黄色。嘴黑色，脚棕褐色。

【栖息生境】 林地。

【生态习性】 常几只至数十只成群活动。性活泼，常从一棵树突然飞至另一树，不停地在枝叶间跳跃、飞行，边取食边不停地鸣叫，主要以昆虫为食。营巢于树上，巢椭圆形。

【地理分布】 见于我国华中、华东、华南、西南及台湾。

【本地报告】 保护区内林地可见，留鸟，常见。

【遇见月份】

1	2	3	4	5	6	7	8	9	10	11	12

红头长尾山雀

红头长尾山雀

银喉长尾山雀 *Aegithalos caudatusgla*

【外部形态】 体长约16cm。头顶羽毛丰满，体羽蓬松呈绒毛状。头顶、背部、两翼和尾羽呈现黑色或灰色，下体纯白或淡灰棕色，向后沾葡萄红色，部分喉部具暗灰色块斑，尾羽长度多超过头体长。嘴黑色，脚棕黑色。

【栖息生境】 林地。

【生态习性】 常见跳跃在树冠间或灌丛顶部，群居或与其他雀类混居。主要以昆虫及植物种子等为食。巢呈卵圆形，置于树木枝杈间。

【地理分布】 见于亚洲北部、我国东北、华北、华中、华东及西南。

【本地报告】 保护区内林地可见，留鸟，常见。

【遇见月份】

1	2	3	4	5	6	7	8	9	10	11	12

银喉长尾山雀

山雀科 Paridae

沼泽山雀

沼泽山雀 *Parus palustris*

【外部形态】 体长约11cm。头顶和后颈黑色，喉具小褐色斑块，两颊白色并向颈后延伸。上背、翅及腰部灰褐色，下体胸腹部为污白色。嘴黑色，脚深灰色。

【栖息生境】 林地。

【生态习性】 一般单独或成对活动，有时加入混合群。多出现在高大乔木的树冠，偶尔也到低矮的灌丛中觅食。主要以昆虫为食，也吃植物种子。营巢于天然树洞中。

【地理分布】 见于东北亚、我国东北部、华东、华中及西南。

【本地报告】 保护区内林地可见，留鸟，罕见。

【遇见月份】

1	2	3	4	5	6	7	8	9	10	11	12

大山雀 *Parus major*

【外部形态】 体长约14cm。雄鸟头黑色，头两侧各具一大型白斑。上体蓝灰色，背沾绿色。下体白色，胸、腹有一条宽阔的中央纵纹与颏、喉黑色相连。雌鸟羽色和雄鸟相似，但体色稍较暗淡，缺少光泽，腹部黑色纵纹较细。嘴黑色，脚暗褐色。

【栖息生境】 林地。

【生态习性】 除繁殖期间成对活动外，秋冬季节多成小群。性较活泼而大胆，行动敏捷，常在树枝间穿梭跳跃。主要以昆虫为食，也吃植物种子。通常营巢于天然树洞中，也利用啄木鸟废弃的巢洞和人工巢箱，有时在壁隙中营巢。

【地理分布】 见于亚洲北部、我国绝大部分地区，包括华东、华北、华南、西南、华中等地。

【本地报告】 保护区内林地可见，留鸟，常见。

【遇见月份】

1	2	3	4	5	6	7	8	9	10	11	12

大山雀

大山雀

山雀科 Paridae

黄腹山雀 *Parus venustulus*

【外部形态】 体长约10cm。雄鸟头和上背黑色，脸颊和后颈各具一白色块斑；下背、腰亮蓝灰色，翅上有两道黄白色翅斑；尾黑色；颏至上胸黑色，下胸至尾下覆羽黄色。雌鸟上体灰绿色，颏、喉、颊和耳羽灰白色，其余下体淡黄绿色。嘴蓝黑色，脚铅灰色。

【栖息生境】 林地。

【生态习性】 繁殖期成对或单独活动外，其他时候成群在树枝间跳跃穿梭，或在树冠间飞来飞去。主要以昆虫为食，也吃植物种子。营巢于天然树洞中。

【地理分布】 见于我国华东、华南、华中及东南，为东南部特有种。

【本地报告】 保护区内林地可见，留鸟，偶见。

【遇见月份】

1	2	3	4	5	6	7	8	9	10	11	12

黄腹山雀

雀科 Passeridae

麻雀 *Passer montanus*

【外部形态】 体长约14cm。头部栗色，白色脸颊上具黑斑，颈背具完整的灰白色领环。上体近褐。喉部黑色，下体皮黄灰色。嘴黑色，脚粉褐色。

【栖息生境】 居民区。

【生态习性】 多结成小群活动。杂食性，夏、秋主要以禾本科植物种子为食，育雏则主要以昆虫为主；冬、春以杂草种子为食，也吃人类扔弃的各种食物。营巢于人类的房屋处，如屋檐、墙洞、燕巢，也会在树洞等处。

【地理分布】 见于我国各地。

【本地报告】 保护区内林地可见，留鸟，常见。

【遇见月份】

1	2	3	4	5	6	7	8	9	10	11	12

麻雀

燕雀科 Fringillidae

燕雀 *Fringilla montifringilla*

【外部形态】 体长约16cm。雄鸟自头至背辉黑色，背具黄褐色羽缘；腰白色；两翅和尾黑色，翅上具白斑；颏、喉、胸橙黄色，腹至尾下覆羽白色。雌鸟和雄鸟大致相似，但体色较浅淡。嘴淡黄色，嘴尖黑色，脚暗褐色。

【栖息生境】 林地。

【生态习性】 除繁殖期间成对活动外，其他季节多成群，迁徙期间常集成大群。主要以果实、种子等植物性食物为食，尤喜杂草种子，也吃树木种子、果实。

【地理分布】 广泛分布于欧亚大陆北部，越冬见于我国东部及西北部的天山、青海，偶至南方。

【本地报告】 保护区内林地可见，冬候鸟。迁徙季节常见大群。

【遇见月份】

普通朱雀 *Carpodacus erythrinus*

【外部形态】体长约15cm。雄鸟头顶、腰、喉、胸红色，背、肩褐色，羽缘沾红，两翅和尾黑褐色，羽缘沾红。雌鸟上体灰褐，具暗色纵纹，下体白色或皮黄色，亦具黑褐色纵纹。嘴灰褐色，下嘴较淡，脚褐色。

【栖息生境】林地。

【生态习性】常单独或成对活动，非繁殖期则多呈小群活动。主要以果实、种子、花序、芽苞、嫩叶等植物性食物为食，繁殖期间也吃昆虫。

【地理分布】夏季广泛分布于欧亚北部、我国东北、西部及西北部，冬季迁徙至东部沿海省份及南方低地越冬。

【本地报告】保护区内林地可见，旅鸟，少数越冬，罕见。

【遇见月份】

1	2	3	4	5	6	7	8	9	10	11	12

普通朱雀

北朱雀

北朱雀 *Carpodacus roseus*

【外部形态】体长约16cm。雄鸟头、下背及下体绯红；头顶色浅，额及颏霜白；上体及覆羽深褐；具两道浅色翼斑。雌鸟色暗，上体下体均具褐色纵纹。嘴、脚肉色。

【栖息生境】林地。

【生态习性】喜集群，啄食各种野生植物的果实、种子和幼芽，也寻食谷物种子等。

【地理分布】见于俄罗斯、日本、朝鲜等，我国均为冬候鸟，见于北部及东部，南至江苏省，西至甘肃省。

【本地报告】保护区内林地可见，旅鸟，少数越冬，罕见。

【遇见月份】

1	2	3	4	5	6	7	8	9	10	11	12

黄雀 *Carduelis spinus*

【外部形态】 体长约11.5cm。雄鸟头顶与颏黑色，翼斑黄色，腰黄色；下体暗淡黄，有浅黑色斑纹。雌鸟头顶与颏无黑色，具浓重的灰绿色斑纹；嘴暗褐色，下嘴较淡，腿和脚暗褐色。

【栖息生境】 林地。

【生态习性】 性活跃，除繁殖期成对活动外，常集小群活动于树木间。飞行快速，常直线飞行。常一只先飞，其余群体跟随。主要以多种植物的果实和种子为食。

【地理分布】 繁殖于东北亚、我国东北北部，越冬南迁见于我国东部。

【本地报告】 保护区内林地可见，冬候鸟，常见。

【遇见月份】

1	2	3	4	5	6	7	8	9	10	11	12

金翅雀 *Carduelis sinica*

【外部形态】 体长约13cm。雄鸟头顶暗灰色，眼先、眼周灰黑色。上体栗褐色，翅有一块大的金黄色块斑，腰金黄色。下体黄色沾棕。雌鸟和雄鸟相似，但羽色较暗淡。嘴肉黄色，脚淡红色。

【栖息生境】 林地。

【生态习性】 性活跃，常集小群活动于树木间，也到地面。主要以多种植物的果实和种子为食。

【地理分布】 见于我国东北、华北、华东、华南及华中大部分地区。

【本地报告】 保护区内林地可见，留鸟，常见。

【遇见月份】

1	2	3	4	5	6	7	8	9	10	11	12

金翅雀

红腹灰雀 *Pyrrhula pyrrhula*

【外部形态】 体长约14cm。雄鸟头黑色，上背灰色，翅黑色，有白斑；下体胸腹红色，向后逐渐转灰白。雌鸟在雄鸟红色部分代之以灰色。嘴、脚黑色。

【栖息生境】 林地。

【生态习性】 非繁殖季节集群活动于林间，食物以植物种子、树冬芽、果实为食。

【地理分布】 繁殖于欧亚大陆北部、我国新疆、东北。

【本地报告】 保护区内冬季一些年份可见，冬候鸟，罕见。

【遇见月份】

1	2	3	4	5	6	7	8	9	10	11	12

红腹灰雀

锡嘴雀 *coccothraustes coccothraustes*

【外部形态】 体长约17cm。雄鸟头、颊棕黄色，嘴基、眼先、颏和喉中部黑色，后颈形成一条灰色宽带，上背棕褐色，翅黑色，具白色翼斑。下体棕褐色。雌鸟和雄鸟基本相似。但羽色较浅淡。嘴铅蓝色，下嘴基部近白色，脚肉色或褐色。

【栖息生境】 林地。

【生态习性】 非繁殖期成群活动，频繁地在树枝间跳跃或飞来飞去，有时也到地上活动。性大胆。主要以植物果实、种子为食，也吃昆虫。

【地理分布】 繁殖于欧亚大陆北部、我国东北，迁徙时经东部至东南沿海各省越冬。

【本地报告】 保护区内冬季一些年份可见，冬候鸟，偶见。

【遇见月份】

1	2	3	4	5	6	7	8	9	10	11	12

锡嘴雀

黑头蜡嘴雀

黑头蜡嘴雀 *Eophona personata*

【外部形态】 体长约20cm。雄鸟头黑色，黑色部分小于黑尾蜡嘴雀，上体浅灰或灰褐色，两翅黑色，具白色翼斑，尾黑色；颏黑色，其余下体灰褐色，腹白色。雌鸟头灰褐色，其余似雄鸟。嘴橙黄色，脚肉红色。

【栖息生境】 林地。

【生态习性】 除繁殖期成对生活外，多集成小群活动，不断地在树枝间跳跃、飞翔。主要以种子、果实、草籽、嫩叶、嫩芽等植物性食物为食，也吃昆虫。

【地理分布】 繁殖于我国东北等地，经华东至南方越冬。

【本地报告】 保护区内林地可见，旅鸟，少数越冬，不常见。

【遇见月份】

1	2	3	4	5	6	7	8	9	10	11	12

黑尾蜡嘴雀 *Eophona migratoria*

【外部形态】 体长约17cm。雄鸟头辉黑色，上体浅灰或灰褐色，两翅黑色，具白色端斑，尾黑色；颏和上喉黑色，其余下体灰褐色或沾黄色，腹白色。雌鸟头灰褐色，其余似雄鸟。嘴橙黄色，嘴基、嘴尖和会合线蓝黑色，脚肉红色。

【栖息生境】 林地。

【生态习性】 繁殖期间单独或成对活动，非繁殖期成群，有时集成数十只的群。树栖性，频繁地在树冠层枝叶间跳跃或来回飞翔。主要以种子、果实、草籽、嫩叶、嫩芽等植物性食物为食，也吃昆虫。营巢于乔木侧枝枝杈上，巢呈杯状或碗状。

【地理分布】 繁殖于我国东北，越冬迁往南方及台湾。

【本地报告】 保护区内林地可见，留鸟，常见。

【遇见月份】

1	2	3	4	5	6	7	8	9	10	11	12

鹀科 Emberizidae

凤头鹀 *Melophus lathami*

【外部形态】 体长约17cm。雄鸟冠羽较长，头、颈、肩、背、腰以及整个下体黑色，并带蓝绿色金属光泽；尾羽栗红，羽端黑色。雌鸟上体暗褐，并具宽大灰褐色纵纹；下体锈黄，颈侧和两肋较暗而沾绿，喉和胸微具暗褐色纵纹。上嘴近黑色，下嘴基部肉色；脚肉褐色。

【栖息生境】 开阔地。

【生态习性】 一般是单个或成对生活。以杂草种子等植物性食物为主，也吃昆虫。

【地理分布】 国内分布于华中、东南和西南地区。

【本地报告】 保护区南部地区有历史记录，近年未见，夏候鸟。

【遇见月份】

1	2	3	4	5	6	7	8	9	10	11	12

凤头鹀

白头鹀 *Emberiza leucocephalos*

【外部形态】 体长约17cm。雄鸟具白色的顶冠纹和紧贴其两侧的黑色侧冠纹，耳羽中间白而环边缘黑色，头余部及喉栗色而与白色的胸带成对比。雌鸟色淡。嘴褐色，下嘴较淡，脚粉褐色。

【栖息生境】 灌丛、林地。

【生态习性】 冬季多集成小群活动。以杂草种子等植物性食物为主，也吃昆虫。

【地理分布】 繁殖于欧亚大陆北部、我国东北北部、内蒙古东北部、新疆西部天山、青海、甘肃西北部，迷鸟至江苏及香港。上海崇明有记录。

【本地报告】 保护区内有历史记录，近年未见，迷鸟。

【遇见月份】

1	2	3	4	5	6	7	8	9	10	11	12

白头鹀

三道眉草鹀 *Emberiza cioides*

【外部形态】 体长约16cm。雄鸟头顶及枕深栗红色，眉纹白色，贯眼纹黑色，耳羽深栗色；颊与喉灰白，有与贯眼纹平行的黑色颚纹；上体余部栗红色，具黑色羽干纹；上胸栗红，呈明显横带；下体余部棕褐色。雌鸟色淡。嘴灰黑色，下嘴较浅；脚肉色。

【栖息生境】 灌丛、林地。

【生态习性】 常栖息在草丛中、矮灌木间、岩石上，或空旷而无掩蔽的地面、玉米秆上、电线或电线杆上等。冬季常见成群活动。主要以各种野生草籽为食，也有少量的树木种子、谷粒，以及昆虫等。营巢于山坡草丛地面，少数在灌丛小树上。

【地理分布】 见于我国东北、华北、华中及华东，有时远及台湾和南部沿海。

【本地报告】 保护区内林地、旷野、沼泽湿地可见，留鸟，常见。

【遇见月份】

1	2	3	4	5	6	7	8	9	10	11	12

白眉鹀 *Emberiza tristrami*

【外部形态】体长约15cm。雄鸟头黑色，中央冠纹、眉纹和一条宽阔的颚纹为白色。背、肩栗褐色，具黑色纵纹，腰和尾上覆羽栗色或栗红色。颏、喉黑色，胸栗色，其余下体白色，雌鸟和雄鸟相似，头褐色，颏、喉白色，颚纹黑色。嘴褐色，下嘴基部肉色，脚肉色。

【栖息生境】灌丛、林地。

【生态习性】单个或成对活动，在树上、地面活动。迁徙时集小群。性寂静。主要以草籽、浆果为食，也食昆虫等。

【地理分布】繁殖于我国东北林区，越冬迁往南方常绿林，迁徙时见于华东沿海各省。

【本地报告】保护区内林地、旷野可见，冬候鸟，较常见。

【遇见月份】

1	2	3	4	5	6	7	8	9	10	11	12

栗耳鹀 *Emberiza fucata*

【外部形态】 体长约16cm。雄鸟头、颈灰色，头顶有黑色纹，耳羽深栗色；上体褐色，有黑色纵纹，肩部沾棕；喉白色，颊纹黑色，胸部黑色纵纹形成项圈状，后接栗色胸带；其余下体灰白。雌鸟色淡。上嘴黑色，下嘴蓝灰且基部粉红，脚粉红。

【栖息生境】 灌丛、林地。

【生态习性】 迁徙时结群飞行，并常和其他鹀类混群，但在越冬地多分散地单个活动，尤以田地垅沟中较多，不易被发现。性不大怯疑，除非极其接近时才飞离。在地上、草丛及灌丛中觅食。主要以草籽、浆果为食，也食昆虫等。

【地理分布】 见于我国东北、华中西南及西藏东南部，越冬在台湾和海南，迁徙时经华东大部分地区。

【本地报告】 保护区内林地、旷野可见，旅鸟，少数越冬，偶见。

【遇见月份】

1	2	**3**	**4**	5	6	7	8	9	**10**	**11**	**12**

栗耳鹀

黄眉鹀 *Emberiza chrysophrys*

【外部形态】 体长约15cm。雄鸟头部黑色，头顶有白色中央冠纹，眉纹鲜黄，颚纹白色，下颊纹黑色；上体褐色，后背、腰和尾上覆羽色较栗红；颏、喉及下体余部白而多纵纹。雌鸟头部褐色，头侧、耳羽淡褐，下体条纹比较稀少。上嘴褐色，下嘴灰白；脚肉褐色。

【栖息生境】 灌丛、林地。

【生态习性】 一般小群生活或单个活动或与其它鹀类混杂飞行，但从不结成大群。多数时间隐藏于地面灌丛或草丛中，很少鸣叫。主要以草籽、种子、果实等植物性食物为食，也吃昆虫等动物性食物。

【地理分布】 繁殖于西伯利亚东部，越冬在我国中东部。

【本地报告】 保护区内林地、旷野可见，冬候鸟，较常见。

【遇见月份】

1	**2**	**3**	**4**	5	6	7	8	9	10	**11**	**12**

黄眉鹀

小鹀 *Emberiza pusilla*

【外部形态】体长约13cm。雄鸟头部赤栗色，头顶两侧各具一黑色宽带；眉纹红褐，耳羽暗栗色，后缘黑色；上体大致沙褐色，背部具暗褐色纵纹；下体偏白，胸及两肋具黑色纵纹。雌鸟羽色较淡，无黑色头侧线。上嘴近黑色，下嘴灰褐；脚肉褐色。

【栖息生境】灌丛、林地。

【生态习性】多集群活动。频繁地在草丛间穿梭或在灌木低枝间跳跃。主要以草籽、种子、果实等植物性食物为食，也吃昆虫等动物性食物。

【地理分布】繁殖于欧亚大陆北部，冬季南迁时见于我国东北，越冬在新疆极西部、华中、华东、华南的大部分地区及台湾。

【本地报告】保护区内林地、旷野、沼泽湿地可见，冬候鸟，常见。

【遇见月份】

1	2	3	4	5	6	7	8	9	10	11	12

鹀科 Emberizidae

田鹀 *Emberiza rustica*

【外部形态】体长约14.5cm。雄鸟头部及羽冠黑色，具白色的眉纹，耳羽上有一白色小斑点；体背栗红色具鳞状斑，翼及尾灰褐；颊、喉至下体白色，具栗色的胸环，两肋栗色。雌鸟与雄鸟相似，羽色较浅，以黄褐色取代雄鸟黑色部分。上嘴黑褐色，下嘴肉色，脚肉红色。

【栖息生境】林地、开阔地。

【生态习性】迁徙和越冬时集群。性颇大胆，不甚畏人，停歇枝上时，羽冠常常竖起。在地面取食，主要以草籽、种子、果实等植物性食物为食，也吃昆虫、蜘蛛等动物性食物。

【地理分布】繁殖于欧亚大陆北部、我国东北和新疆极西部，越冬见于东部沿海各省。

【本地报告】保护区内林地、旷野、农田可见，冬候鸟，常见。

【遇见月份】

1	2	3	4	5	6	7	8	9	10	11	12

田鹀

黄胸鹀

黄胸鹀 *Emberiza aureola*

【外部形态】体长约15cm。雄鸟头黑色，枕部栗红，上体栗色或栗红色；两翅黑褐色，翅上具一窄的白色横带和一宽的白色翅斑；尾黑褐色；颏、喉黑色，下体鲜黄色，胸有一深栗色横带。雌鸟头及上体棕褐色、具显著的黑褐色纵纹，眉纹皮黄白色；下体淡黄色，胸无横带。上嘴黑褐色，下嘴肉色，脚褐色。

【栖息生境】灌丛、林地。

【生态习性】非繁殖期喜成群，迁徙期间和冬季集成数百至数千只的大群，在地上、也在草茎或灌木枝上活动和觅食，以谷物、植物种子为主要食物，也吃昆虫、蜘蛛等动物性食物。

【地理分布】繁殖于欧亚大陆北部、我国东北和新疆北部阿尔泰山，迁徙时贯穿我国至南部、台湾及海南。

【本地报告】保护区内林地、旷野可见，旅鸟，偶见。

【遇见月份】

1	2	3	4	5	6	7	8	9	10	11	12

黄喉鹀 *Emberiza elegans*

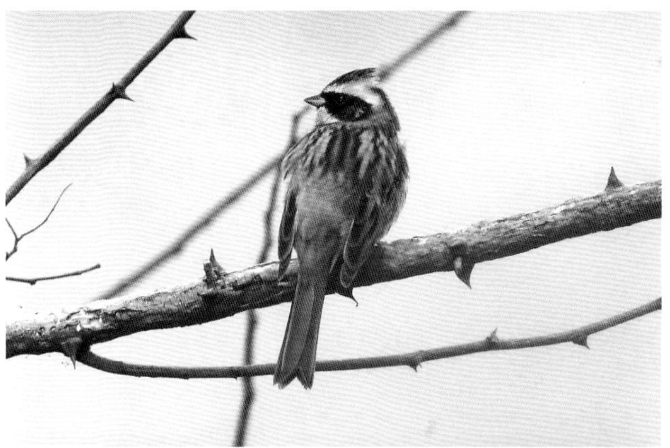

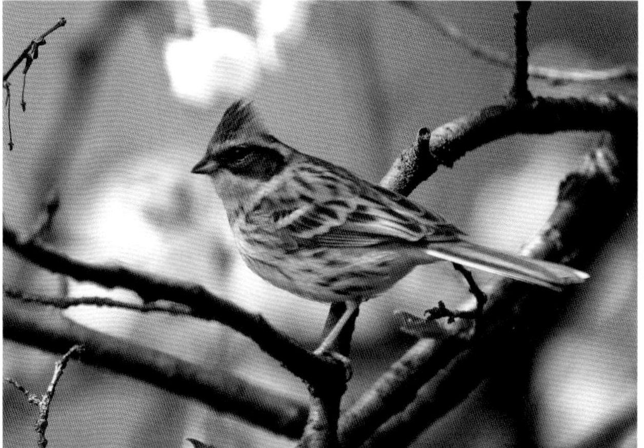

【外部形态】 体长约15cm。雄鸟头部羽冠黑色，眉纹前段为黄白色、后段为鲜黄色，延伸到枕后相接；背栗红色或暗栗色；颏黑色，上喉黄色，下喉白色，胸有一半月形黑斑，其余下体白色或灰白色。雌鸟和雄鸟大致相似，但羽色较淡，头部黑色转为褐色，前胸黑色半月形斑不明显或消失。上嘴黑褐色，下嘴肉色，脚肉色。

【栖息生境】 开阔地、林地、灌丛。

【生态习性】 常结成小群活动，性活泼而胆小，频繁地在灌丛与草丛中跳来跳去，有时亦栖息于灌木或幼树顶枝上。多在林下层灌丛、草丛中或地上觅食，以植物种子为主要食物，也吃昆虫、蜘蛛等动物性食物。

【地理分布】 繁殖于东北及华中，越冬于南方及东南沿海。

【本地报告】 保护区内林地、旷野农田可见，冬候鸟，常见。

【遇见月份】

1	2	3	4	5	6	7	8	9	10	11	12

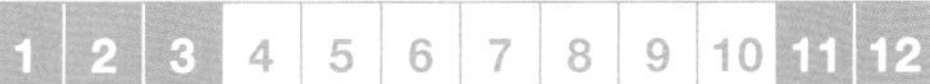

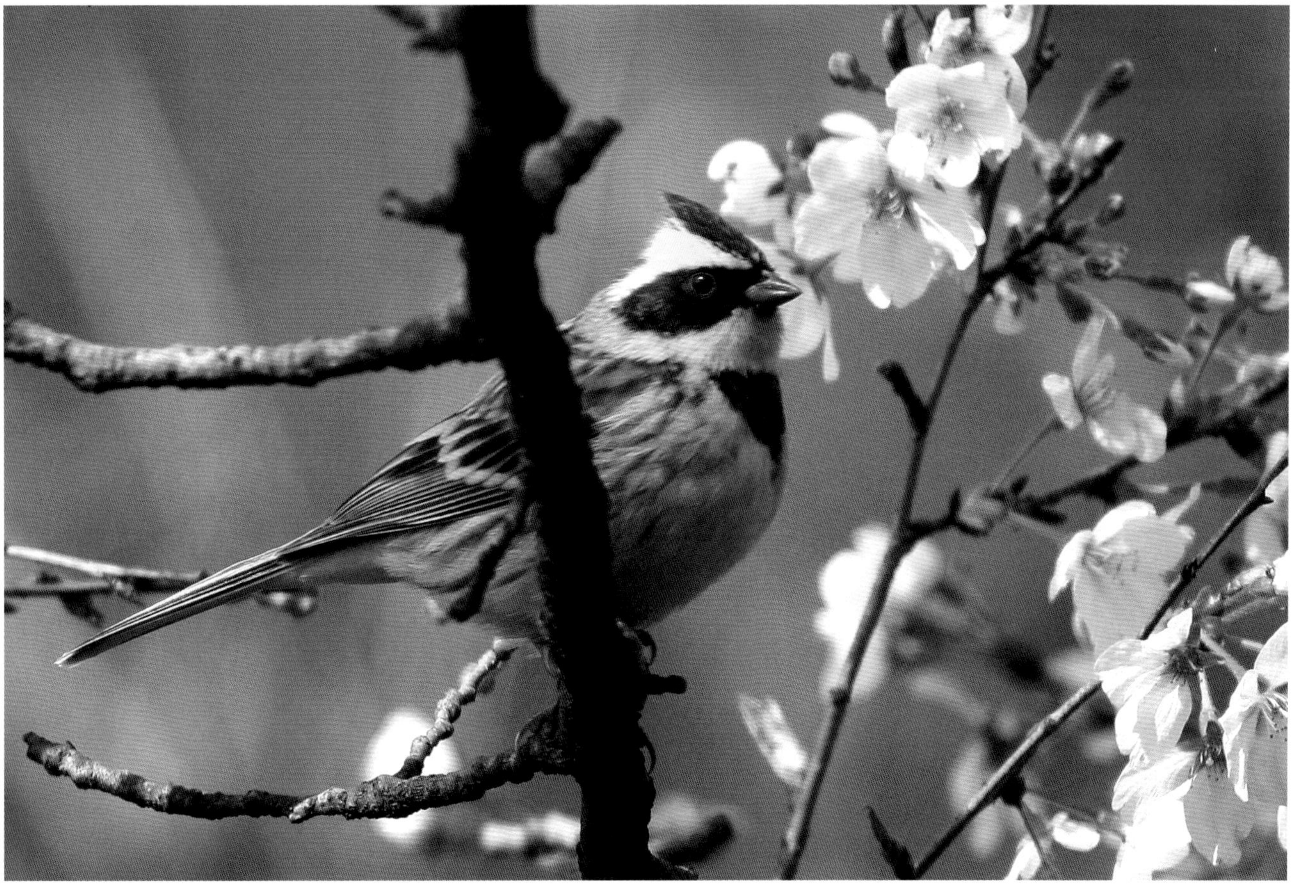

栗鹀 *Emberiza rutila*

【外部形态】 体长约15cm。雄鸟头部、喉、颈、上体均为栗色；翼、尾黑褐；胸、腹灰黄色，两肋有黑色纵纹。雌鸟头及上体栗褐色，下体浅黄色，胸部具有暗色轴纹；两肋具黑褐色纵纹。上嘴棕褐色，下嘴淡褐色；脚淡肉褐色。

【栖息生境】 灌丛、林地。

【生态习性】 多成小群活动，迁徙期有大群。常在低矮灌丛及地面觅食，以植物种子为主要食物，也吃昆虫等动物性食物。

【地理分布】 繁殖于东北亚、我国东北，东南亚越冬，迁徙时见于整个东半部。

【本地报告】 保护区内林地、旷野可见，旅鸟，偶见。

【遇见月份】

1	2	3	4	**5**	6	7	8	9	**10**	11	12

灰头鹀 *Emberiza spodocephala*

【外部形态】 体长约14cm。雄鸟嘴基、眼先、颊和颏灰黑；头部、颈、上背橄榄绿色，微沾赤褐；胸淡黄色；胸侧和两肋具黑褐色条纹。雌鸟通体棕褐色，后颈灰色，胸稍沾黄色，其余与雄鸟相似。嘴棕褐，下嘴色浅，脚肉色。

【栖息生境】 灌丛、林地。

【生态习性】 常成小群活动，人易接近。以植物种子为主要食物，也吃昆虫等动物性食物。

【地理分布】 繁殖于西伯利亚、我国东北、日本等地，越冬至我国南方，包括台湾及海南岛。

【本地报告】 保护区内林地、旷野、沼泽湿地可见，冬候鸟，常见。

【遇见月份】

1	2	3	4	5	6	7	8	9	10	11	12

苇鹀 *Emberiza pallasi*

【外部形态】 体长约14cm。雄鸟头顶、颊和耳羽均黑色；后颈具一白色横带，联接颈侧和颊部形成颈圈；背、肩羽黑色。颏、喉和上胸中央黑色，下体余部白色。雌鸟有眉纹，前颊白色。上嘴黑褐，下嘴带黄色；脚肉色。

【栖息生境】 芦苇地。

【生态习性】 性极活泼，常在草丛或灌丛中反复起落飞翔，不畏人。常在地面或在树枝上觅食。主要取食芦苇种子、杂草种子，也取食越冬昆虫、虫卵及少量谷物。

【地理分布】 见于东北西北部，迁徙经华北、内蒙古、山西南部，越冬于长江以南沿海各省。

【本地报告】 保护区内沼泽湿地可见，冬候鸟，常见。

【遇见月份】 1 2 3 4 5 6 7 8 9 10 11 12

芦鹀 *Emberiza schoeniclus*

芦鹀

【外部形态】体长约15cm。雄鸟头部黑而无眉纹；颈圈和颧纹白色；上体栗黄，具黑色纵纹；翅上小覆羽栗色。雌鸟头部赤褐色，具眉纹。嘴黑褐，脚肉色。

【栖息生境】芦苇地。

【生态习性】除繁殖期成对外，多结群生活，性颇活泼。以芦苇种子、草籽为主要食物，也吃昆虫、蜘蛛等动物性食物。

【地理分布】见于我国西北地区如新疆、青海、甘肃，东北可能有繁殖，冬季南迁，越冬于东部沿海各省。

【本地报告】保护区内沼泽湿地可见，冬候鸟，罕见。

【遇见月份】

1	2	3	4	5	6	7	8	9	10	11	12

铁爪鹀 *Calcarius lapponicus*

【外部形态】体长约16cm。雄鸟头、颈、喉和胸侧均黑色；眉纹及颈侧白色；下颈及翕浓栗赤色，背部锈赤色发达，并具黑色纵斑；上胸黑，下体余部白色；两肋有纵斑。雌鸟与雄鸟形似，色淡。嘴黄褐或黑色，脚褐色。

【栖息生境】开阔农耕地。

【生态习性】喜在地面活动，尤善于在地上行走。冬季集群。食物主要为杂草种子，如禾本科、莎草科、蒿科、蓼科等野生植物种子，偶有昆虫卵和谷粒等。

【地理分布】繁殖于北极苔原冻土地带，越冬于南方的草地及沿海地区。

【本地报告】保护区内一些年份可见，罕见冬候鸟。

【遇见月份】

1	2	3	4	5	6	7	8	9	10	11	12

铁爪鹀

红颈苇鹀 *Emberiza yessoensis*

【外部形态】 体长约15cm。雄鸟头黑，似芦鹀及苇鹀，但无白色的下髭纹，腰及颈背棕色。雌鸟色似雄鸟，但头部黑褐而具锈栗色斑纹；眉纹宽，黄白色；颏和喉黄白色，颧纹黑色。上嘴黑褐色，下嘴肉黄色，脚赤褐色。

【栖息生境】 灌丛、芦苇地。

【生态习性】 多结群生活，性颇活泼。以芦苇种子、草籽为主要食物，也吃昆虫等动物性食物。

【地理分布】 繁殖于东北沼泽地带，越冬于东部沿海，迁徙经辽宁、河北、山东。

【本地报告】 保护区内沼泽湿地可见，冬候鸟，罕见。

【遇见月份】

1	2	3	4	5	6	7	8	9	10	11	12

雪鹀 *Plectrophenax nivalis*

【外部形态】 体长约16cm。雄鸟白色的头、下体及翼斑与其余的黑色体羽成对比。雌鸟头顶、脸颊及颈背具近灰色纵纹，胸具橙褐色纵纹。嘴黑色，或偏黄，脚黑色。

【栖息生境】 开阔农耕地。

【生态习性】 冬季群栖但一般不与其他种类混群。多活动在光裸地面，快步疾走。以杂草种子、昆虫为食。

【地理分布】 繁殖于北极苔原冻土地带，越冬于南方的草地及沿海地区。

【本地报告】 保护区内一些年份可见，罕见冬候鸟。

【遇见月份】

1	2	3	4	5	6	7	8	9	10	11	12

紫背椋鸟 *Sturnia philippensis* 椋鸟科

【外部形态】 体长约17cm。雄鸟头浅灰或皮黄，肩、背紫色具金属光泽；颊赤色；前胸栗色；腹乳白色；肋蓝灰色。下体偏白，背闪辉深紫罗兰色，两翼及尾黑色，具白色肩纹。雌鸟与雄鸟相似，但缺少金属光泽。嘴黑色，脚深绿。

【栖息生境】 开阔地。

【生态习性】 常成批结群活动于树枝间。在空中穿梭捕食昆虫，有时也在地上觅食。飞翔时鼓翅迅速，成横队直线飞行。主要以各种昆虫为食，也吃植物性食物。

【地理分布】 繁殖于日本，菲律宾等地越冬。迁徙时见于国内东部沿海地区。

【本地报告】 保护区内有历史记录，近年未见，旅鸟。

【遇见月份】

1	2	3	4	5	6	7	8	9	10	11	12

红尾鸫 *Turdus naumanni* 鸫科

【外部形态】 体长约25cm。上体灰褐色，眉纹淡棕红色。腰和尾上覆羽有时具栗斑或为棕红色，翅上棕红色，尾基部和外侧尾棕红。颏、喉淡白具褐色斑点，胸和两肋栗色，具白色羽缘。嘴黑褐色，下嘴基部黄色，跗跖与趾淡褐色。

【栖息生境】 林地。

【生态习性】 多成小群，迁徙季节也集成大群。性活跃，一般在地上活动和觅食。主要以昆虫为食，也吃其他小型无脊椎动物、植物果实与种子。

【地理分布】 繁殖于东北亚，迁徙经过我国北方部分地区，于南方地区越冬。

【本地报告】 保护区内林地可见，冬候鸟，常见。

【遇见月份】

1	**2**	**3**	4	5	6	7	8	9	10	**11**	**12**

红喉姬鹟 *Ficedula albicilla* 鹟科

【外部形态】 体长约13cm。雄鸟头及上体灰褐色，眼先、眼周白色。颏、喉繁殖期间橙红色，胸淡灰色，其余下体白色；非繁殖期颏、喉变为白色。雌鸟颏、喉白色，胸沾棕，其余同雄鸟。嘴、脚黑色。

【栖息生境】 林地。

【生态习性】 常单独或成对活动，偶尔也成小群。性活泼，不停地在树枝间跳跃，喜欢在近地面的灌丛中觅食。主要以昆虫为食。

【地理分布】 繁殖于东北亚，迁徙经我国东半部。常见越冬于广西、广东及海南岛。

【本地报告】 保护区内林地可见，旅鸟，偶见。

【遇见月份】

1	2	3	**4**	**5**	6	7	8	9	**10**	11	12

矛斑蝗莺 *Locustella lanceolatal* 莺科

【外部形态】 体长约12cm。上体橄榄褐，密布黑褐色纵纹。下体乳白，微沾黄褐；喉白色，中央微具淡褐色细点斑；胸部和两肋具黑褐色羽干，纵纹较显著，略沾黄褐；腹中央白色。嘴黑褐色，下嘴基黄褐色；脚肉色。

【栖息生境】 灌丛、芦苇地。

【生态习性】 性极畏怯，常隐蔽，单独或成对在茂密的苇草间或灌丛下活动。几乎全部以昆虫为食。

【地理分布】 繁殖于西伯利亚、我国东北，南迁至东南亚等地越冬，迁徙时见于东部地区。

【本地报告】 保护区内沼泽湿地可见，旅鸟，罕见。

【遇见月份】

史氏蝗莺 *Locustella pleskei*【东亚蝗莺】 莺科

【外部形态】 体长约16cm。上体灰橄榄褐色，头部斑纹不可见；尾羽末端具白斑。下体污乳白色；胸、两肋及尾下覆羽淡橄榄褐色。上嘴褐色，下嘴肉色；脚暗肉色。

【栖息生境】 灌丛、芦苇地。

【生态习性】 栖息于海洋、河口、沿海岛屿，以及海边和池塘、沼泽和红树林地带，常在海边红树林和芦苇、沼泽中活动，通常不远离海岸活动。

【地理分布】 繁殖于西伯利亚东南部、日本、朝鲜，迁徙或越冬时见于东南沿海。上海崇明岛东滩自然保护区有记录。

【本地报告】 保护区内沼泽湿地可见，旅鸟，罕见。

【遇见月份】

1	2	3	4	5	6	7	8	**9**	**10**	11	12

苍眉蝗莺 *Locustella fasciolata* 莺科

【外部形态】 体长约15cm。上体橄榄褐，眉纹白，眼纹色深而脸颊灰暗。下体白，胸及两肋具灰色或棕黄色条带，羽缘微近白色，尾下覆羽皮黄。上嘴褐色，下嘴肉色；脚暗肉色。

【栖息生境】 灌丛、芦苇地。

【生态习性】 见于低地及沿海的林地、棘丛、丘陵草地及灌丛。在林下植被中潜行、奔跑及跳跃。

【地理分布】 繁殖于东北亚、日本、内蒙古东北部及黑龙江北部的大小兴安岭，迁徙时见于华东省份及台湾。

【本地报告】 保护区内沼泽湿地可见，旅鸟，罕见。

【遇见月份】

1	2	3	4	5	6	7	8	9	**10**	11	12

细纹苇莺 *Acrocephalus sorghophilus* 莺科

【外部形态】 体长约13cm。上体赭褐，顶冠及上背具模糊的纵纹。下体皮黄，喉偏白。脸颊近黄，眉纹皮黄而上具黑色的宽纹。上嘴黑色，下嘴偏黄，脚粉红色。

【栖息生境】 灌丛、芦苇地。

【生态习性】 常栖息于河边或湖畔的苇丛间，有时也飞至附近的树上。主要以昆虫及其幼虫为食。

【地理分布】 繁殖于东北，越冬南迁至菲律宾等地，迁徙经河北、江苏、湖北及福建。

【本地报告】 保护区内有历史记录，近年未见，罕见旅鸟。

【遇见月份】

1	2	3	4	5	6	7	8	9	10	11	12

硫磺鹀 *Emberiza sulphurata* 鹀科

【外部形态】 体长约14cm。雄鸟头、颈及下体硫磺色，眼圈白色；背部及翼褐色沾棕。雌鸟与雄鸟相似，黄色被褐色替代。嘴褐色，脚肉色。

【栖息生境】 灌丛、林地。

【生态习性】 非繁殖期常集群活动，主食植物种子。

【地理分布】 日本北海道有过繁殖报道，日本南部、台湾和福建越冬，偶见有过境鸟于东南沿海从江苏至广东。

【本地报告】 保护区内有历史记录，近年未见，旅鸟。

【遇见月份】

1	2	3	4	5	6	7	8	9	10	11	12

灰鹀 *Emberiza variabilis* 鹀科

【外部形态】 体长约17cm。雄鸟整体羽毛为灰黑色，背羽有黑色纵斑。雌鸟整体羽毛为褐色，背部有黑褐色的纵斑，头央线及眉斑为淡褐色；喉部至尾部为淡黄褐色带有褐色纵斑，尾羽外侧无白色。嘴暗黑色，下嘴肉褐色；脚肉褐色。

【栖息生境】 灌丛、林地。

【生态习性】 繁殖期间多成对或单独活动，非繁殖期成小群活动。性隐秘。以植物种子为主食。

【地理分布】 繁殖于日本北部及堪察加半岛，越冬于日本南方地区。国内东部沿海偶见。

【本地报告】 保护区内有历史记录，近年未见，迷鸟。

【遇见月份】

1	2	3	4	5	6	7	8	9	10	11	12

附录
盐城国家级珍禽自然保护区鸟类名录

名录	页码
潜鸟目 Gaviiformes	
潜鸟科 Gaviidae	
红喉潜鸟 *Gavia stellata*	2
黑喉潜鸟 *Gavia arctica*	2
䴙䴘目 Podicipediformes	
䴙䴘科 Podicipedidae	
小䴙䴘 *Tachybaptus ruficollis*	4
凤头䴙䴘 *Podiceps cristatus*	5
赤颈䴙䴘 *Podiceps grisegena*	6
黑颈䴙䴘 *Podiceps nigricollis*	6
鹱形目 Procellariiformes	
鹱科 Procellariidae	
白额鹱 *Calonectris leucomelas*	8
海燕科 Hydrobatidae	
黑叉尾海燕 *Oceanodroma monorhis*	8
鹈形目 Pelecaniformes	
鹈鹕科 Pelecanidae	
白鹈鹕 *Pelecanus onocrotalus*	11
斑嘴鹈鹕 *Pelecanus philippensis*	
卷羽鹈鹕 *Pelecanus crispus*	10
鸬鹚科 Phalacrocoracidae	
普通鸬鹚 *Phalacrocorax carbo*	11
绿背鸬鹚 *Phalacrocorax capillatus*	12
军舰鸟科 Fregatidae	
白斑军舰鸟 *Fregata ariel*	12
鹳形目 Ciconiiformes	
鹭科 Ardeidae	
苍鹭 *Ardea cinerea*	15
草鹭 *Ardea purpurea*	14
大白鹭 *Ardea alba*	15
中白鹭 *Egretta intermedia*	17
白鹭 *Egretta garzetta*	16
黄嘴白鹭 *Egretta eulophotes*	17
牛背鹭 *Bubulcus ibis*	18
池鹭 *Ardeola bacchus*	19
绿鹭 *Butorides striata*	20
夜鹭 *Nycticorax nycticorax*	21

名录	页码
小苇鳽 *Ixobrychus minutus*	28
黄苇鳽 *Ixobrychus sinensis*	22
紫背苇鳽 *Ixobrychus eurhythmus*	23
栗苇鳽 *Ixobrychus cinnamoncus*	23
黑鳽 *Dupetor flavicollis*	24
大麻鳽 *Botaurus stellaris*	24
鹳科 Ciconiidae	
黑鹳 *Ciconia nigra*	25
东方白鹳 *Ciconia boyciana*	25
鹮科 Threskiornithidae	
黑头白鹮 *Threskiornis melanocephalus*	28
白琵鹭 *Platalea leucorodia*	26
黑脸琵鹭 *Platalea minor*	27
红鹳目 Phoenicopteriformes	
红鹳科 Phoenicopteridae	
大红鹳 *Phoenicopterus ruber*	30
雁形目 Anseriformes	
鸭科 Anatidae	
疣鼻天鹅 *Cygnus olor*	33
大天鹅 *Cygnus cygnus*	32
小天鹅 *Cygnus columbianus*	33
鸿雁 *Anser cygnoides*	34
豆雁 *Anser fabalis*	34
白额雁 *Anser albifrons*	35
红胸黑雁 *Branta ruficollis*	39
小白额雁 *Anser erythropus*	35
灰雁 *Anser anser*	36
雪雁 *Anser caerulescens*	36
赤麻鸭 *Tadorna ferruginea*	37
翘鼻麻鸭 *Tadorna tadorna*	38
棉凫 *Nettapus coromandelianus*	39
鸳鸯 *Aix galericulata*	40
赤颈鸭 *Anas penelope*	41
罗纹鸭 *Anas falcata*	42
赤膀鸭 *Anas strepera*	37
花脸鸭 *Anas formosa*	43
绿翅鸭 *Anas crecca*	44

总计21目68科391种。

中文名索引

拉丁名索引